大学入学
共通テスト

生物基礎
集中講義 改訂版

JN052291

駿台予備学校講師
橋本大樹 著

旺文社

はじめに

　共通テスト「生物基礎」は，資料解析や実験考察問題の比重が高まったことで，センター試験に比較するとやや得点しにくくなりました。しかし，教科書の内容を確実に理解し，データ処理や計算問題などの点差が分かれるタイプの問題にしっかり取り組むことができれば，50点満点を狙える試験といえます。文科系の方は難解な論説文を読み込む訓練をしていて，国公立志望なら数学にも取り組んでいるため数的処理に拒絶反応もないはずです。これは，看護医療系や栄養系の学部・学科を志望されている方にも共通にいえることが多いでしょう。

　「生物基礎」という科目は，正しく理解して覚えることが一番大切で，そこに大変手間がかかる科目です。特に，共通テストの出題傾向を考えたとき，正しい理解や知識の定着が，与えられた題材に取り組んでいく上での前提となります。教科書の内容を隅々まで精査してみると，「生物基礎」は，一見簡単に何とかなりそうで，しかし実はそう簡単ではないことに気が付くでしょう。

　本書は，共通テスト「生物基礎」を，「適当に何とかする…」のではなく，「確実に高得点を狙う！」ことを目標とした，極めて真面目な参考書＋問題集です。共通テストで問われる知識は，「生物基礎」の教科書に掲載されているものだけです。しかし，教科書の内容には出版社によって多少のばらつきがあり，最近は「生物」の方向に逸脱気味（「生物」の知識を求めているわけではありません）の出題も見るようになってきました。私は仕事柄，発行されている「生物基礎」と「生物」のすべての教科書を読み込んでいますから，ある「生物基礎」の教科書で扱いが軽い内容でも，他の教科書では深い記述がなされている部分，また，「生物」の内容であるけれども「生物基礎」として共通テストで問題を作成しやすいテーマなどを把握しています。共通テスト「生物基礎」の受験生を，スムーズに本質的な理解にいざない，実際の共通テストで有利に得点させることを第一の狙いに，本書の構成を計画し，執筆にあたりました。また，新課程対応の改訂にあたっては，十分なヒントを与えれば共通テストの題材になり得るようなテーマや，目にしておけば理解を助けるような内容は，一部の教科書にしか記載がなくても取り上げました。

　作成の過程では，旺文社の生物担当の編集者である小平雅子さんに，貴重なご意見やアイデアをたくさんいただきました。著者名こそ私の名前になっていますが，小平さんの編集と私の執筆の共同作業の結果，本書が完成したのです。この場を借りて，お礼申し上げます。

橋本大樹

（1）共通テスト「生物基礎」の特徴

① 資料の解析・実験の考察

　　資料の解析や実験内容を考察するような，データ分析能力と思考力を試す問題の比重が高まっている。

② 未知の題材・目新しい出題形式

　　多くの受験生が見たこともない題材が，必ず出題されてしまう。出題形式にも工夫が感じられ，過去にはなかった形式の問題は今後も新出する。

③ 計算問題

　　本書で紹介しているような定型的な計算はもちろん，その場で対応しなければいけないような非定型的な計算も出題される。

④ 文章選択

　　正確な理解に基づく正誤判定，問題内容の確実な掌握を確認する正誤判定など。正しい文章の組合せを選ぶものなど，消去法が使えないことも多い。

⑤ 必要な追加実験や対照実験を選ぶ問題

　　教科書で重視されている仮説検証などの内容を反映し，「生物基礎」は単純な暗記科目でなく，思考や判断を必要とする科目なのだというメッセージ。

⑥ 生物学用語・生物例

　　資料解析や実験考察に目が奪われがちだが，生物学用語や生物例の知識も組合せの形式で問われている。やはりある程度は暗記も必要。

（2）「生物基礎」の勉強方法

　　共通テストの出題範囲である教科書の内容を完全に理解した上で，覚えるべきことを覚え，技巧的な部分を磨き，アウトプットを重ねる。次の①〜③の各ステップで，本書を活用して欲しい。

① 教科書の精読

　　教科書は，本文だけでなく「探究活動のページ」，「参考（コラム）」，「欄外（傍注）」，「図版中に示されること」をよく検討してみよう。「発展（アドバンス）」は知識問題にはならないが，題材として出題され得る。

② 知識の定着とその確認

　　教科書はただ通読しても流して読んでしまいがちなので，なるべく細かく区切りながら，ノート整理や軽めの問題演習と組合せながら読み進められると理想的である。

③ 本番レベルの問題で演習

　　過去問題や予想問題集などで，本番と同程度のボリューム・難度の問題を制限時間のなかで確実に解けるか，確かめる。

本書の特長と使い方

本書は「大学入学共通テスト　生物基礎」で高得点を取ることを目的とした問題集です。必要な知識を定着させ，考える力を鍛え，問題形式に慣れることができます。

▶「生物基礎」全体を3つのCHAPTERに分けました。

本冊

GUIDANCE
このTHEMEで学ぶこと，習得したいことを簡潔に述べてあります。

POINT
共通テストを受験するうえで，必ず知っておきたい基礎事項をまとめてあります。特に重要な用語は付属の赤セルシートで隠せます。繰り返し確認して確実に覚えましょう。傍注には補足的な説明があります。

CHART & 公式
特に重要な図や表や公式をまとめてあります。

PLUS
参考・発展的な内容を，PLUSとして取り上げました。PLUSで取り上げる内容を知っていると，より深くPOINTを理解することができます。「覚えるべきこと」ではなく，「知っておくとよいこと」であることに注意してください。

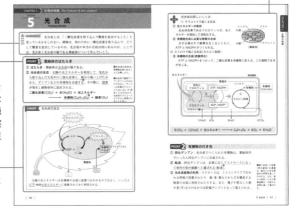

TECHNIQUE　計算問題の解法などを，ときに例題などを取り上げて，わかりやすく解説しました。取り上げてある解法はどれも実際に出題される可能性のある重要なものです。必ずマスターしましょう。

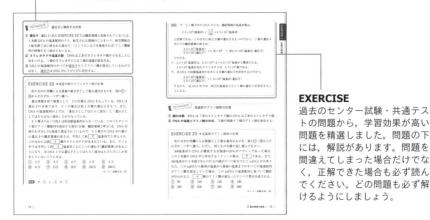

EXERCISE
過去のセンター試験・共通テストの問題から，学習効果が高い問題を精選しました。問題の下には，解説があります。問題を間違えてしまった場合だけでなく，正解できた場合も必ず読んでください。どの問題も必ず解けるようにしましょう。

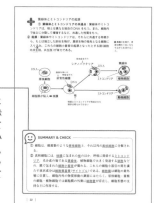

SUMMARY & CHECK
そのTHEMEの内容をざっと読んで確認・復習できます。赤セルシートで重要用語を隠しても，きちんと内容がわかっていればすらすら読めるはずです。もしもわからないところがあったら，POINTに戻って確認してください。

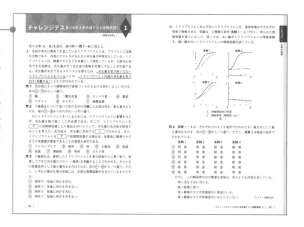

チャレンジテスト
（大学入学共通テスト実戦演習）
実際にセンター試験・共通テストで出題された問題を中心に，本番に近い形式で掲載しました。色々なTHEMEにまたがった問題もあります。そのCHAPTERの総仕上げとして取り組んでください。目標解答時間は10分です。解答と解説は別冊です。

別冊解答

■解答
　解答は答え合わせがしやすいように，冒頭に掲載しました。誤っていた場合，解説を読まずに，もう一度問題に取り組んでみるのも思考力を鍛える有効な方法です。もちろん，解説をじっくり読んで納得した上で，問題に再チャレンジしてもよいでしょう。

■解説
　解説は，「なぜその解答になるのか」だけでなく，「周辺知識の確認や整理」，「考察問題を解くコツ」，「情報を上手に抽出・整理する方法」，「効率的な問題へのアプローチ法」など，より学力が向上するように作成しました。解答を間違えてしまった場合だけでなく，正解できた場合も必ず読んでください。

もくじ

チャレンジテスト(大学入学共通テスト実戦演習)の解答・解説は,別冊です。

※問題は,より実力がつくように適宜改題してあります。

装丁デザイン：及川真咲デザイン事務所 (内津剛)
本文デザイン：ME TIME (大貫としみ)
編集担当：小平雅子

CHAPTER 1

生物の特徴

THEME 1 多様な生物にみられる共通性
Universality in diversified life

GUIDANCE 地球上のさまざまな環境には，それぞれの環境によく適応した形態や機能をもった生物が生活している。また，多様性をもつ一方で，生物には共通性もみられる。多様な生物が，共通性を備えている理由を学ぼう。

POINT 1 種

① 種：同じような特徴をもつ個体の集まりで，互いに交配し子孫を残せる。

② 種の数：名前がついているものだけで**175万〜190万種**存在するが，実際には**数千万種**いるともいわれる。

CHART 生物の種数

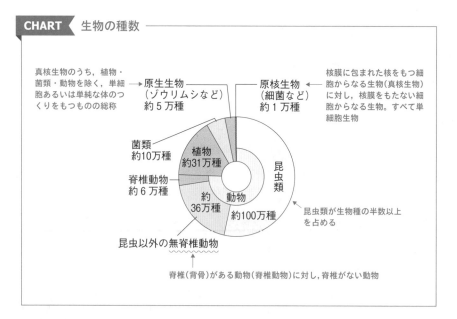

真核生物のうち，植物・菌類・動物を除く，単細胞あるいは単純な体のつくりをもつものの総称

原生生物（ゾウリムシなど）約5万種

原核生物（細菌など）約1万種

核膜に包まれた核をもつ細胞からなる生物（真核生物）に対し，核膜をもたない細胞からなる生物。すべて単細胞生物

菌類 約10万種

植物 約31万種

脊椎動物 約6万種

動物 約36万種

昆虫類 約100万種

昆虫類が生物種の半数以上を占める

昆虫以外の無脊椎動物

脊椎（背骨）がある動物（脊椎動物）に対し，脊椎がない動物

POINT 2 生物の共通性と多様性

① **共通性をもつ理由**：現存する生物に<u>共通性</u>がみられるのは，同じ祖先生物（起源生物）から<u>進化</u>してきたからである。

② **多様性の獲得**：進化の過程で<u>形質</u>（形と性質）が変化し，<u>多様性</u>が獲得されてきた。生物の進化の道筋を枝分かれした樹木のように示したものを，<u>系統樹</u>[1]という。

[1] 分子レベルの類似性に着目して作成される系統樹は，分子系統樹という。

CHART 生物の系統樹

共通の祖先生物に由来する基本的な特徴を維持しながら，進化に伴ってさまざまな形質が獲得されてきた。

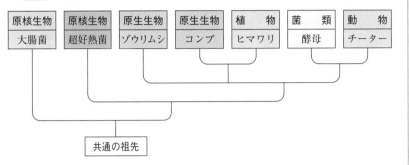

POINT 3　生物の共通性

① **すべての生物は細胞からできている**[→2]

細胞は細胞膜によって外部と仕切られ，基本的な構造が共通している。

② **エネルギーを利用する**

エネルギーを利用して物質を合成したり，物質を分解してエネルギーを取り出したりする。この際のエネルギーの受け渡しの役割を担うのは，ATP という分子である。[→3]

③ **DNA をもち自分と同じ形質の子(子孫)をつくる**

生物の遺伝情報は DNA という分子に含まれ，細胞分裂によって新しい細胞へ，生殖によって子へ受け継がれる。[→4]

④ **体内の状態を一定に保つ**[→5]

体外の環境が変動しても，体内の状態を一定に保とうとするしくみ(恒常性：ホメオスタシスともいう)が備わる。

[2] ゾウリムシは，からだが1個の細胞でできている単細胞生物。ヒトは，からだが多数の細胞でできている多細胞生物。

[3] このような生体内での化学反応を代謝という。

[4] 長い時間のなかで世代を重ねるうちに遺伝的な性質が変化することがあり，進化する。

[5] 細胞や器官が円滑に活動することが可能になる。

POINT 4　適　応

進化を通じて，生物の形質が生活する環境での生存に適するようになっていることを適応という。

例えば，水中で生活している魚類は，えら呼吸を行いひれを使って泳ぐが，陸上で生活するは虫類へと進化していく過程で，肺呼吸を行い四肢でからだを支えて運動するようになった。これは，**水中から陸上の環境へ適応した結果で**ある。

魚 類	両生類	は虫類	鳥 類	哺乳類
メダカ	カエル	ヘビ・ワニ	スズメ	ヒト

翼・羽毛

胎生, 母乳
で子を養育

子はえらで, 親は
肺や皮膚で呼吸

肺呼吸, 陸上で産卵・出産

四 肢

脊 椎

※鳥類は，ワニ類に
近いと考えられている。

PLUS 生物分類の変遷

① **五界説：形態の類似性**に重きをおいて，生物を大きく５つのグループに
分類する考え方。モネラ界（原核生物界）・原生生物界・植物界・菌界・動物界に
分ける。モネラ界以外はすべて真核生物。原生生物界は他の真核生物の界との境
界があいまいで，進化の過程を反映していない。

② **３ドメイン説：分子レベルの類似性**に着目して，モネラ界を細菌（バクテリア）ド
メインとアーキア（古細菌）ドメインの２つのドメインに分割し，すべての真核生
物は真核生物（ユーカリア）ドメインとして１つにまとめる考え方。真核生物は，
細菌よりもアーキアに近縁である。

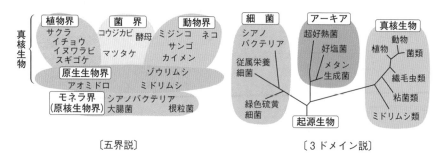

〔五界説〕 〔３ドメイン説〕

EXERCISE 1 ●生物の多様性と共通性

問１ 生物の種に関する記述として最も適当なものを，次から一つ選べ。

① 現在名前がつけられて他のものと区別されている生物は，約１万
8000種程度である。

② 地球上に存在する種のほとんどすべてに名前がつけられている。

③ 既知の種では，植物よりも動物の方が種類数が多い。

④ 異なる種でも，ふつう生殖可能な子を残すことができる。

問2 ヒトと大腸菌の細胞に関する記述として最も適当なものを，次から一つ選べ。

① ヒトの細胞は ATP を利用するが，大腸菌の細胞では ATP は利用されない。

② ヒトと大腸菌の細胞は種類が異なるため，同一の系統樹で類縁関係を示すことはできない。

③ ヒトの細胞と大腸菌の細胞は，ともに細胞分裂で増殖する。

④ ヒトの細胞と大腸菌の細胞とは，進化上共通した起源をもたない。

⑤ ヒトの細胞は細胞膜に囲まれているが，大腸菌の細胞は細胞膜に囲まれていない。

(センター試験本試・改)

[解答] **問1** ③　　**問2** ③

[解説] **問1** ①，② 名前がついているものだけで175万～190万種存在するが，実際には数千万種いるともいわれる。

④ 異なる種間に生じた雑種は，ふつう生殖は不可能。

問2 ① ATP はすべての生物に共通して存在し，利用されている。

②，④ ヒトの細胞は真核細胞で，大腸菌の細胞は原核細胞だが，系統樹の範囲を広げれば同一の系統樹内で類縁関係を表現できる。

⑤ 細胞である以上，細胞膜で囲まれ外界と区別される。

[共通テストでは…] 教科書の図や傍注(欄外)，参考扱いの内容であっても，知識問題としてよく出題されている。本書の図も細部までよく見ておいてほしい。

SUMMARY & CHECK

① 生物のうち名前がつくものはごく一部で，未知の種も多く存在する。

② 生物は地球上のさまざまな環境に適応した結果として多様性を示すが，共通祖先から進化してきたため多くの共通性ももつ。

③ 生物の共通する特徴は以下の通り。

- からだは細胞からできていて細胞膜で外界から区別される。
- エネルギーを利用して生命活動を営む。
- 自らと同じ形質をもつ子(子孫)をつくる。
- 体内の状態を一定に保つ性質(恒常性)をもっている。

THEME
2

細胞の構造
Structure of cells

🏛 **GUIDANCE**　すべての生物は細胞からなる。細胞の形や大きさには多様性があるが、遺伝情報を担う DNA やエネルギー授受にはたらく ATP、代謝にはたらくタンパク質などを含み、細胞膜で包まれるなど、基本的に共通した特徴をもつ。いろいろな細胞がもつ特徴や共通性を学んでいこう。

POINT 1 原核細胞と真核細胞

　細胞を大きく 2 つに分けると、DNA は存在するが核膜に包まれていない原核細胞と、核膜に包まれた核をもち、ミトコンドリアや葉緑体などの膜に包まれた細胞小器官をもつ真核細胞に分けられる。

① **原核細胞の特徴**：ヒトなどの真核細胞と比較して、**小型で単純**な構造。核膜に**包まれた核はなく**、DNA は細胞質基質(サイトゾル)中に存在する。細胞膜の外側に**細胞壁を**もつ(細胞壁の成分は植物細胞のものとは異なる)。

② **原核生物の例**：大腸菌やシアノバクテリア(ユレモ・ネンジュモ)などの細菌。

1 原核細胞からなる生物。シアノバクテリアのように光合成を行う原核生物であっても、葉緑体はもたない。

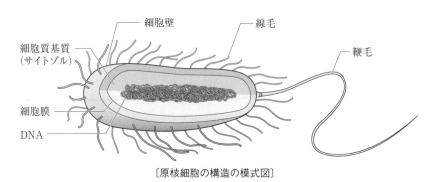

細胞壁　　　線毛

細胞質基質
(サイトゾル)

鞭毛

細胞膜

DNA

〔原核細胞の構造の模式図〕

③ **真核細胞の特徴**：核膜で包まれた核をもつ。細胞質には葉緑体やミトコンドリアなどのさまざまな細胞小器官をもつ。

④ **真核生物の例**：動物、植物、菌類(カビやキノコのなかま。酵母が代表的)のほか、ミドリムシやゾウリムシのような単細胞の真核生物もある。

2 真核細胞の細胞膜に囲まれた、核の周囲にある部分。

3 真核細胞からなる生物。

CHART 原核細胞と真核細胞

構　造	原核細胞	真核細胞	
		動物	植物
DNA	＋	＋	＋
核（核膜）	－	＋	＋
細胞膜	＋	＋	＋
細胞壁	＋	－	＋
ミトコンドリア	－	＋	＋
葉緑体	－	－	＋
細胞質基質（サイトゾル）	＋	＋	＋

※　＋：存在する，　－：存在しない

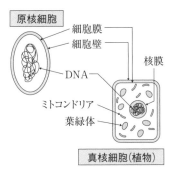

原核細胞

- 細胞膜
- 細胞壁
- DNA
- ミトコンドリア
- 核膜
- 葉緑体

真核細胞（植物）

POINT 2 真核細胞がもつ構造

　真核細胞は，核と，核以外の細胞質からなる。ミトコンドリアや葉緑体などのさまざまな細胞小器官をもつ。

① 核[4]：ふつう１個の細胞に１つ含まれる。DNA とタンパク質からなる染色体が，核膜に包まれている。細胞の形態やはたらきを決め，子孫に伝えられる遺伝情報を担う。

② ミトコンドリア[5]：粒状または糸状に見える。内部には**核とは異なる独自の** DNA をもつ。酸素を用いて有機物を分解する**呼吸に関係**し，生命活動に必要な ATP を合成する。

③ 葉緑体[6]：凸レンズ形をしているものが多い。内部には**核とは異なる独自の** DNA をもつ。クロロフィルという色素を含むため緑色に見える。光エネルギーを用いて水と二酸化炭素から有機物を合成する光合成の場。

[4] 原核細胞に核膜はなく，核も備わらない。
　脊椎動物では，直径 3〜10μm 程度。
　酢酸カーミンや酢酸オルセインで赤色や赤紫色に染まる。

[5] ふつう1〜10μm 程度。

[6] 動物細胞や菌類の細胞にはないが，植物細胞には備わる。
　ふつう5〜10μm 程度。

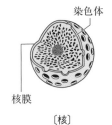

- 染色体
- 核膜

〔核〕

〔ミトコンドリア〕

〔葉緑体〕

④ 液胞[7]：液胞膜で包まれ，内部は糖・アミノ酸・タンパク質・無機塩類などを含む細胞液で満たされる。赤色・紫色・青

[7] 成熟した植物細胞で，大きく発達している。

色の色素である<u>アントシアン</u>(アントシアニン)が含まれることもある。**細胞内の物質の濃度調節や貯蔵に関係する。**

⑤ **細胞質基質(サイトゾル)**:真核細胞の核以外の部分を<u>細胞質</u>といい，細胞小器官の間を満たす液状成分が<u>細胞質基質</u>(<u>サイトゾル</u>)である。多くのタンパク質を含み，各種の化学反応が進行する。流動性があり，オオカナダモなどでは葉緑体が一定方向に移動する<u>細胞質流動</u>(原形質流動)という現象が観察される。

8 核とその周囲の細胞質を合わせて，原形質という。

⑥ <u>細胞膜</u>:厚さが 5 〜 10 nm の膜で，細胞内外を隔てる。細胞内外の物質のやり取りは，細胞膜を介して行われる。

⑦ <u>細胞壁</u>:植物や菌類のほか，原核細胞にもある。細胞膜の外側に位置し，細胞質を保護し，細胞形態を支持する。植物細胞では，セルロースが主成分。

9 植物，菌類，細菌では，細胞壁の成分は異なる。

CHART 動物細胞と植物細胞の構造（光学顕微鏡での観察像）

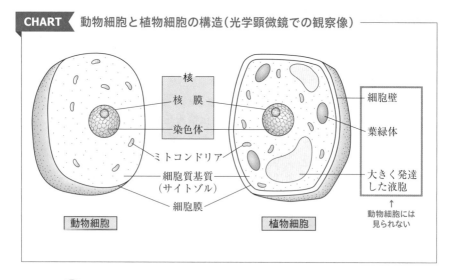

核 — 核　膜 — 染色体

ミトコンドリア

細胞質基質(サイトゾル)

細胞膜

動物細胞

細胞壁

葉緑体

大きく発達した液胞

↑
動物細胞には見られない

植物細胞

POINT 3 ウイルス

① <u>ウイルス</u>の特徴:ウイルスは，**タンパク質の殻と内部の遺伝物質(核酸)から構成されるが，細胞構造をもたない。**

また，**単独では基本的な生命活動を示さない。**他の生物の細胞に侵入し，宿主細胞の代謝系を利用して増殖する。

10 細菌よりも小型で，ふつう光学顕微鏡では観察できない。

➡ **ウイルスは，生物と非生物の中間的な存在(生物ではない)。**

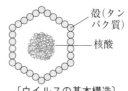

殻(タンパク質)

核酸

〔ウイルスの基本構造〕

② **ウイルスが原因の疾病**：例年受験期に流行するインフルエンザ，重篤な免疫不全症を示す AIDS，2019年から世界的に猛威をふるった新型コロナ感染症（COVID-19）は，ウイルスが病原体。

PLUS 電子顕微鏡での観察像

① **電子顕微鏡の特徴**：光の代わりに電子線を用いる電子顕微鏡は分解能が高く，光学顕微鏡では観察できない細胞内部の微細な構造を観察できる。

1 2点を2点として識別できる最小の距離。

② **電子顕微鏡で観察できる構造**：リボソームや小胞体は，電子顕微鏡を利用しないと観察できない。

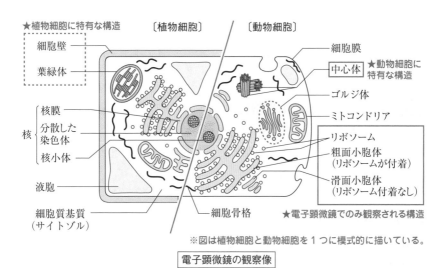

★植物細胞に特有な構造　〔植物細胞〕　〔動物細胞〕

細胞壁
葉緑体

細胞膜
中心体 ★動物細胞に特有な構造
ゴルジ体
ミトコンドリア

核
核膜
分散した染色体
核小体

リボソーム
粗面小胞体（リボソームが付着）
滑面小胞体（リボソーム付着なし）

液胞
細胞質基質（サイトゾル）
細胞骨格
★電子顕微鏡でのみ観察される構造

※図は植物細胞と動物細胞を1つに模式的に描いている。

電子顕微鏡の観察像

③ **核**：核膜は二重の膜から構成され，多数の核膜孔が開いている。内部には1～数個の核小体がある。
④ **ミトコンドリア**：二重膜で囲まれ，内膜がひだ状に突出した部分がクリステ，内部の基質部分がマトリックス。
⑤ **葉緑体**：二重膜で囲まれ，平たい袋状構造がチラコイド，その間の基質部分がストロマ。チラコイドが積み重なった構造はグラナ。
⑥ **リボソーム**：タンパク質合成（翻訳）の場としてはたらく顆粒状の構造（生体膜から構成される構造ではない。→ p.18参照）。
⑦ **小胞体**：表面にリボソームが結合している粗面小胞体はタンパク質の運搬などに，付着していない滑面小胞体は脂質の合成に関係。
⑧ **ゴルジ体**：細胞からの物質の分泌に関係。
⑨ **中心体**：動物細胞の細胞分裂に関係。

＋ 生体膜
PLUS
① **生体膜の基本構造**：リン脂質の二重層にタンパク質が埋め込まれている。
② **生体膜の例**：細胞膜をはじめ，多くの細胞小器官を構成する膜。核膜，ミトコンドリアの膜，葉緑体の膜は，すべて生体膜である。

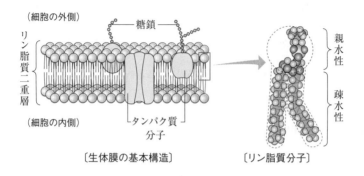

〔生体膜の基本構造〕　　〔リン脂質分子〕

POINT 4 細胞を構成する物質

　細胞に最も多く含まれている物質は<u>水</u>である。水以外には・タンパク質・脂質・炭水化物（糖）・核酸・無機塩類などがある。生物の種類は違っても，細胞を構成する物質は共通である。

CHART 細胞を構成する物質

・動物細胞では，<u>水</u>に次いで<u>タンパク質</u>が多い。
・植物は細胞壁を構成するセルロースや貯蔵されているデンプンのような炭水化物の割合が高い。
・細菌は細胞構造が単純なので，相対的に核酸の量が多い。

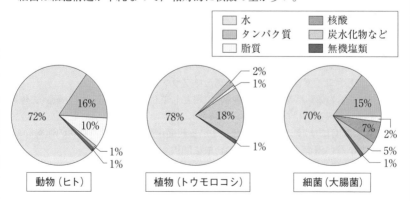

EXERCISE 2 ●細胞の分類・細胞の構造・細胞を構成する物質

問1 次の生物のうち，真核生物をすべて選べ。
① 酵母　　　② 大腸菌　　　③ ネンジュモ
④ ゾウリムシ　⑤ カナダモ

問2 細胞小器官に関する記述として最も適当なものを，次から一つ選べ。
① 細胞質は，ミトコンドリアを含まない。
② 細胞の中では，細胞小器官の間を細胞質基質が満たしている。
③ 葉緑体は，グルコースなどの有機物を分解して，エネルギーを取り出すはたらきをしている。
④ アントシアン（アントシアニン）は，ミトコンドリアに含まれる。
⑤ 多くの動物細胞は，細胞膜の外側に細胞壁をもつ。

問3 ヒトなどの動物細胞の構成成分を分析すると，質量比で水が最も多くを占めている。水の次に多く含まれる成分として最も適当なものを，次から一つ選べ。
① タンパク質　② 炭水化物　③ 核酸　④ 無機塩類

(センター試験本試・改)

解答 問1 ①，④，⑤　　問2 ②　　問3 ①

解説 問1 ⑤は金魚の「水草」として利用される水生植物で，花も咲かせる被子植物である。日本以外にも世界各地で外来生物として定着している。

問2 ① 細胞質の定義に注意。**核の周囲にあるものを細胞質といい，核と細胞質をまとめて原形質と呼ぶ。細胞壁などは原形質ではない。**
③ 葉緑体ではなくミトコンドリアのはたらき。
④ アントシアンは液胞の中の細胞液に含まれる。

問3 植物細胞では水の次に炭水化物が多い。

共通テストでは… 生物名を問う設問もある。**代表的な生物名は覚えよう。**

TECHNIQUE **ゾウリムシのもつ収縮胞のはたらき**

ゾウリムシは淡水に生息する単細胞の真核生物（原生生物）である（次ページの図1）。細胞膜を通して細胞内外の塩類濃度の差によって細胞内に入ってきた水は，**収縮胞**（図1）と呼

⓬生体膜を介して塩類濃度の異なる水溶液を置くと，塩類濃度の低い側から高い側へ水が移動する。これは外部からエネルギーを加えなくとも起こる現象（**拡散に基づく受動的な輸送**）である。

ばれる構造を使って**細胞外へ排出**される。ゾウリムシを，蒸留水，食塩水（0.1%，0.2%，0.3%，0.4%，0.5%）の中に入れ，収縮胞が1回の収縮に要する時間（秒）を調べたところ，図2のような関係となった（3個体の平均値）。

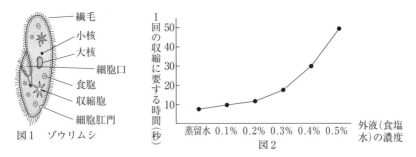

図1　ゾウリムシ

図2

ゾウリムシが塩類濃度の低い溶液中にいるときほど，収縮胞は短い時間間隔で活発に収縮を繰り返していることがわかる。

➡ 塩類濃度の低い溶液ほど，細胞内に多くの水が流入してくる。その水を細胞外に排出するために収縮胞が活発にはたらく。

EXERCISE 3 ●収縮胞のはたらき

　淡水にすむ単細胞生物のゾウリムシでは，細胞内は細胞外よりも塩類濃度が高く，細胞膜を通して水が流入する。ゾウリムシは，細胞内に入った過剰な水を，収縮胞によって細胞外に排出している。収縮胞は，図1のように，水が集まって拡張し，収縮して細胞外に水を排出することを繰り返している。ゾウリムシは，細胞外の塩類濃度の違いに応じて，収縮胞が1回あたりに排出する水の量ではなく，収縮する頻度を変えることによって，細胞内の水の量を一定の範囲に保っている。

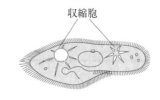

収縮胞

拡張　　　　収縮
水が集まる⟸⟹水を排出する
注：矢印（➝）は水の動きを示す。
図1

　下線部について，ゾウリムシの収縮胞の活動を調べるため，次の実験を行った。

実験　ゾウリムシを0.00%（蒸留水）から0.20%まで濃度の異なる塩化ナトリウム水溶液に入れて，光学顕微鏡で観察した。ゾウリムシはいずれの濃度でも生きており，収縮胞は拡張と収縮を繰り返していた。そこで，1分間あたりに収縮胞が収縮する回数を求めた。

問　予想される結果のグラフとして最も適当なものを，次から一つ選べ。

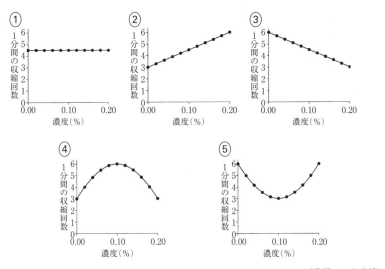

（共通テスト本試）

解答　③

解説　**TECHNIQUE** では，収縮胞が1回の収縮に要する時間を調べていた。しかし，本問のグラフの縦軸は1分間の収縮回数であることに注意。

　高濃度の塩化ナトリウム水溶液（食塩水）ほど，濃度差に基づく細胞内への水の流入量は減少し，収縮胞が1回の収縮に要する時間は長くなるはず。したがって，**濃度の上昇に伴って1分間の収縮回数は少なくなる**。

共通テストでは…　少しひねった出題があるので，知ってる！と安易に選択肢に飛びつくのではなく，落ち着いて**グラフの縦軸や横軸をよく検討**しよう。

PLUS　細胞の研究史

① **1665年**　フック（イギリス）：コルクの薄片を観察して**多数の小部屋（細胞）を発見**。コルクは死細胞であるため，彼が観察していたものは細胞壁だった。

② **1676年頃**　レーウェンフック（オランダ）：生きた細胞である細菌や精子を自作の顕微鏡で観察。

③ **1831年**　ブラウン（イギリス）：ランの葉の表皮を観察して，**核を発見**。

④ **1838年，1839年**　シュライデン（ドイツ），シュワン（ドイツ）：それぞれ動物と植物について，「**細胞が生物を構成する基本単位**である」とする細胞説を提唱。

⑤ **1855年**　フィルヒョー（ドイツ）：「細胞は細胞から生じる」と唱え，細胞説が広く認められるようになる。

⑥ **1932年**　ルスカ（ドイツ）：電子顕微鏡を開発し，細胞内部の微細な構造も観察できるようになった。

PLUS 葉緑体とミトコンドリアの起源

① 葉緑体とミトコンドリアの共通点：葉緑体やミトコンドリアは，核とは異なる独自の DNA をもつ。また，細胞内で独立に分裂して増殖するなど，共通した性質をもつ。

② 起源：葉緑体やミトコンドリアは，それらに共通する特徴から，もとは独立した原核生物が，真核生物の祖先となる細胞に入り込み，これらの細胞小器官の起源となったとする説（細胞内共生説，共生説）が有力である。

⑱異種の生物が，密接な関わり合いをもちながら生活すること。

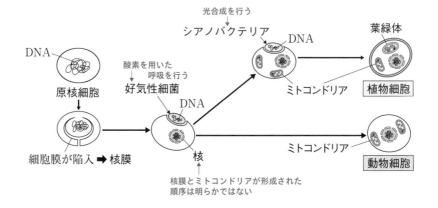

SUMMARY & CHECK

① 細胞は，細菌類のような<u>原核細胞</u>と，それ以外の<u>真核細胞</u>に分類される。

② 真核細胞には，<u>核膜</u>に包まれた<u>核</u>のほか，呼吸に関係する<u>ミトコンドリア</u>，光合成の場である<u>葉緑体</u>，植物細胞で大きく発達する<u>液胞</u>などの，膜で包まれた<u>細胞小器官</u>が備わる。これらの細胞小器官の間を満たす液状成分は<u>細胞質基質（サイトゾル）</u>である。<u>細胞膜</u>は細胞の最外層に位置し，細胞内外の物質移動の調節にはたらく。原核細胞・菌類の細胞・植物細胞では細胞膜の外側に<u>細胞壁</u>が存在し，細胞形態の支持などに作用する。

THEME 3 細胞の観察
Techniques for observing cells

GUIDANCE 細胞のようすや大きさを調べるためには，光学顕微鏡やミクロメーターが利用される。光学顕微鏡の操作手順などは，生物基礎の他の分野とはやや異なって，あまり生き物っぽい感じがしないかもしれない。どうしてそのような操作が必要なのか，理由や目的を考えながら学んでいくと，決して丸暗記ではなく記憶にも残りやすいはずだ。

POINT 1 押しつぶし法

タマネギの根の先端(根端)では活発な細胞分裂が行われている。光学顕微鏡で細胞分裂のようすを観察するためにプレパラートを作成する。

押しつぶし法の手順

① 固定：発根させたタマネギの根の先端を切り取り，固定液(45% 酢酸など)に入れて生命活動を停止させる。
　➡ まず細胞の構造変化を止め，**生体内にあったときに近い状態**で構造を保持する。

② 解離[1]：60℃ 程度に温めた 3 % の塩酸に浸し，細胞間の接着を緩める。
　➡ **植物細胞どうしは細胞間の結合が強い**ため，多数の細胞が密着していると観察しにくい。

③ 染色：先端部 2 〜 3 mm を残して他の部分を取り除き，<u>スライドガラス</u>上の試料に<u>酢酸オルセイン</u>または<u>酢酸カーミン</u>を滴下する。
　➡ 核内の染色体を着色[2]し，観察しやすくする。

④ 押しつぶし：<u>カバーガラス</u>をかけ，<u>ろ紙</u>[3]をかぶせて上から力をかける。
　➡ 光学顕微鏡では試料を光が透過する必要があるため，**細胞を一層に広げる。**

基本的に **固定→解離→染色→押しつぶし** の順で行う。花粉のような細胞間の接着性が低い試料では，解離操作は不要なため 酢酸オルセインや酢酸カーミンがもつ固定作用を利用して，染色から始めることもある。

[1] 試料にもよるが，一般に解離にはあまり長い時間をかけないようにする。

[2] 観察したい対象によって，染色液は使い分ける。
ミトコンドリア：ヤヌスグリーン(青緑色)
DNA：メチルグリーン(青緑色)
RNA：ピロニン(赤桃色)

[3] 余分の染色液をろ紙で吸い取る。

CHART 押しつぶし法

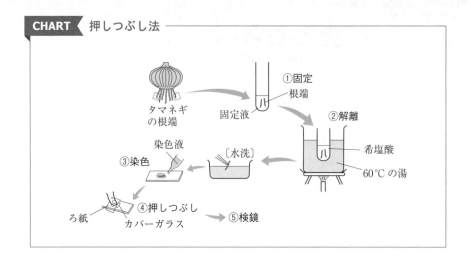

タマネギ
の根端 　固定液　①固定
根端

②解離
希塩酸
60℃の湯

〔水洗〕

③染色
染色液

ろ紙　④押しつぶし　⑤検鏡
カバーガラス

POINT 2 光学顕微鏡の構造と操作手順

光学顕微鏡にはいくつかのタイプがあるが，基本的な構造は同じである。

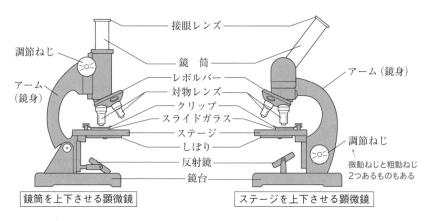

接眼レンズ
調節ねじ
鏡　筒
アーム（鏡身）
アーム（鏡身）
レボルバー
対物レンズ
クリップ
スライドガラス
ステージ
しぼり
反射鏡
鏡台
調節ねじ
微動ねじと粗動ねじ
2つあるものもある

| 鏡筒を上下させる顕微鏡 | ステージを上下させる顕微鏡 |

〔顕微鏡の操作手順〕

① **顕微鏡の持ち運びと設置**：利き手で<u>アーム</u>を握り，他方の手を<u>鏡台</u>に添えて，直射日光の当たらない明るく水平な台の上に置く。

② **レンズの取り付け**：最初に<u>接眼</u>レンズ，次に<u>対物</u>レンズを装着する。
　➡ <u>鏡筒</u>内にごみが入らないようにするため。

③ **光量の調節**：接眼レンズをのぞきながら，反射鏡の角度としぼりを調節し，視野全体が明るくなるようにする。

④ **ピント調節**：観察対象が対物レンズの真下にくるように，プレパラートを

ステージに載せ，横から見ながら対物レンズの先端をプレパラートにできるだけ近づける。

次に，**接眼レンズをのぞきながら，対物レンズとプレパラートが離れる方向**に調節ねじを回してピントを合わせる。

➡ ピントを合わせ損なった場合に，対物レンズとプレパラートが接触しないようにするため。

⑤ **視野調節**：対象物の位置を調節したいときは，**視野中で動かしたい向きとは逆向き**にプレパラートを動かす。

➡ 光学顕微鏡で得られる像は，**上下左右が反対**になって見える。

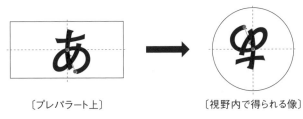

〔プレパラート上〕〔視野内で得られる像〕

例えば，視野内で左下に見えているものは，実際のプレパラート上では右上に位置している。そのため，左下に見えている試料を中央に移動させるには，プレパラートを図の矢印 ↙ の方向（左下）に動かす。

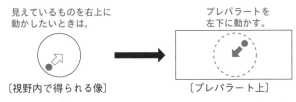

見えているものを右上に動かしたいときは，〔視野内で得られる像〕
プレパラートを左下に動かす。〔プレパラート上〕

⑥ **倍率の切り替え**：観察したいものを視野の中央にもってきてから，レボルバーを回転させて高倍率の対物レンズに変える。[4]

➡ 高倍率では視野が狭く[5]，視野の外側の領域に見えているものは，高倍率のレンズに変えると視野から外れてしまうため。

⑦ **焦点深度の調節**：高倍率ではピントの合う範囲（焦点深度）が浅くなる。コントラストがはっきりしない場合には，絞りを絞る。[6]

[4] 対物レンズの倍率を変えた後のピント調節は，微動ねじの操作だけで済むことが多い。

[5] 光学顕微鏡の総合倍率は，対物レンズの倍率と接眼レンズの倍率の積である。例えば，対物レンズを10倍から40倍に替えると，長さで4倍に拡大されるため**面積は4^2=16倍に拡大されて，視野は$\frac{1}{16}$になる。**
　視野が広い方が対象物を視野内に収めやすい。そのため，まず低倍率から始めて，その後高倍率で観察する。

[6] 高倍率のレンズで絞りを絞ると視野が暗くなって観察しにくい。そのため，反射鏡を平面鏡（低倍率で観察時）から凹面鏡（高倍率で観察時）に変える。

ミクロメーターには，接眼レンズの中に入れて使う円形の接眼ミクロメーターと，1目盛り10μmの目盛りが刻まれた長方形の対物ミクロメーターがある。

① **ミクロメーターのセット**：<u>接眼ミクロメーター</u>は接眼レンズ内に，<u>対物ミクロメーター</u>はステージ上にセットする。

② **対物ミクロメーターの1目盛りが示す長さ**：後に対物ミクロメーターは外し，接眼ミクロメーターだけを用いて細胞などの大きさを測定するため，予め**接眼ミクロメーターの1目盛りが示す長さを計算**しておく必要がある。

TECHNIQUE　試料の大きさの測定

① 両ミクロメーターの目盛り[7]が一致した2点を探し，それぞれの目盛り数を数える。下図では，対物ミクロメーター40目盛りと接眼ミクロメーター25目盛りが一致している。

接眼ミクロメーター 25 目盛り

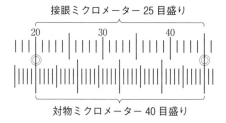

対物ミクロメーター 40 目盛り

② 対物ミクロメーターの1目盛りは$\dfrac{1}{100}$mm$=10\mu$m[8]なので，
対物ミクロメーターの40目盛りは，$10\times40=400\,(\mu$m$)$である。

③ この400μmの長さと，接眼ミクロメーターの25目盛りが重なっているのだから，接眼ミクロメーター1目盛りが示す長さは，

$$\frac{400\,(\mu\text{m})}{25\,(\text{目盛り})}=16\,(\mu\text{m/目盛り})\quad\text{とわかる。}$$

④ 対物ミクロメーターをプレパラートに替え，**接眼ミクロメーターだけを利用して測定**[9]する。

例えば，次ページの図のように細胞が見えていたとする。この場合，細胞は接眼ミクロメーターの11目盛りを占

[7]対物ミクロメーターはピントを合わせないと目盛りを読み取ることはできない。接眼ミクロメーターはピントの影響を受けず常にはっきりと見える。

[8]対物ミクロメーターの1目盛りが$\dfrac{1}{100}$mmであることは通常与えられるため，次の関係を利用して計算できればよい。
・1mm$=1\times10^{-3}$m
・1μm$=1\times10^{-6}$m
・1nm$=1\times10^{-9}$m

[9]次のような理由から，対物ミクロメーターを直接利用して測定を行うことはない。
①対物ミクロメーターと試料の両方に同時にピントは合わない。
②接眼レンズを鏡筒内で回転させることで，接眼ミクロメーターの目盛りは試料の測定したい方向に容易に揃えられる。

有しているので，細胞の大きさは，

$$16(\mu\mathrm{m}/目盛り) \times 11(目盛り) = 176(\mu\mathrm{m}) \quad である。$$

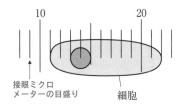

接眼ミクロ
メーターの目盛り　　　細胞

公式　接眼ミクロメーターの1目盛りの長さの計算方法

$$\text{接眼ミクロメーターの}\atop\text{1目盛りが示す長さ}(\mu\mathrm{m}) = \frac{\text{対物ミクロメーターの目盛り数} \times 10(\mu\mathrm{m})}{\text{接眼ミクロメーターの目盛り数}}$$

POINT 4　細胞などの大きさ

① ウイルスはかなり小さく，電子顕微鏡を利用しないと観察できない。

② 真核細胞は原核細胞よりも大型である。

③ 一般に，植物細胞は動物細胞よりも大きい傾向がある。

CHART　細胞などの大きさ

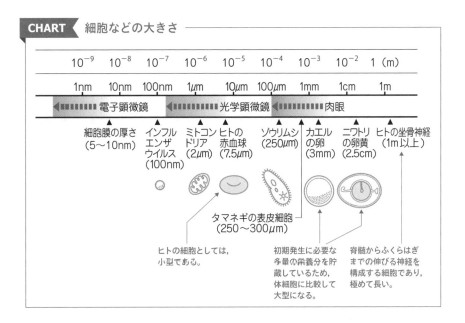

EXERCISE 4 ●ミクロメーターの利用

　ミクロメーターを用いてタマネギの根端細胞のおおよその大きさを調べた。図1は倍率600倍で観察した細胞を模式的に示したものである。接眼ミクロメーターを用いて図1の細胞の長さXを測ると，18目盛りであった。Xの数値に最も近いものを，後の①〜⑥から一つ選べ。ただし，図1と同じ倍率で観察した対物ミクロメーター1目盛り（1目盛り1/100mm）のようすが図2に示されている。

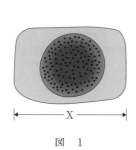

図　1

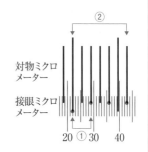

対物ミクロメーター

20　30　40

接眼ミクロメーター

図　2

① 180μm　② 60μm　③ 50μm

④ 45μm　⑤ 30μm　⑥ 0.3μm

（センター試験追試・改）

解答　③

解説　対物ミクロメーター1目盛りは $\frac{1}{100}$ mm $=10\mu$m。

　対物ミクロメーターと接眼ミクロメーターが一致しているところは，右図にあるように4か所。接眼ミクロメーターの1目盛りはどこで計算しても同じだが，①の場合だと $\frac{2\times10}{7}$，②の場合だと $\frac{6\times10}{21}$ で，いずれも約 2.86μm となる。

対物ミクロメーター

接眼ミクロメーター

20 ① 30　40

　図1の細胞は，接眼ミクロメーターの18目盛りを占めるので，

$$2.86(\mu\text{m/目盛り})\times18(\text{目盛り})=51.48(\mu\text{m})$$

となり，選択肢の中では③ 50μm が最も近い。

※27ページの CHART では，タマネギの表皮細胞が 250〜300μm であった。根端では活発に細胞分裂が行われていると考えられ，細胞の大きさがこれよりもやや小型であっても不思議はない。

　発展的なミクロメーターの計算

　接眼ミクロメーターの１目盛りが示す長さは，接眼レンズと対物レンズの組合せを変えて求めるべきだが，対物レンズの倍率の変化から簡便に計算する方法もある。次のような問題を考えてみよう。

> **例題**　対物レンズの倍率が10倍のとき，接眼ミクロメーター20目盛りと対物ミクロメーター28目盛りが一致していたとする。この状態から，対物レンズの倍率を40倍のものに変えたとき，接眼ミクロメーターの１目盛りの示す長さは何 μm と見積もられるか。ただし，対物ミクロメーターの１目盛りは 10μm であるものとする。

① まず，対物レンズの倍率が10倍のときに，接眼ミクロメーター１目盛りの示す長さは，$\dfrac{28\times10}{20}=14(\mu m)$ である。

② ここで，対物レンズの倍率を40倍のものに変えたときの状況を確認してみよう。**対物レンズの倍率を10倍から40倍，すなわち４倍高めても，接眼ミクロメーターの見え方は変わらない。**→⑩

| | | | | | | | | | | | |　　　　　| | | | | | | | | | | |

対物レンズ ×10
のときの接眼ミクロメーター　　　　　対物レンズ ×40
のときの接眼ミクロメーター

⑩対物レンズの倍率の影響を受けるものは，対物レンズの下にあるものである。接眼レンズ内にセットされている接眼ミクロメーターの見え方は，対物レンズの倍率の影響を受けない。

③ このときに，ステージ上に直径が 14μm の細胞があったとする。この細胞は対物レンズの倍率を４倍高めることで，長さが４倍に拡大されて見えることになる。しかし，この細胞の実際の大きさは 14μm のままなのだから，接眼ミクロメーターの１目盛りが示す長さは $\dfrac{1}{4}$ 倍，つまり $\dfrac{14}{4}=$ **3.5(μm)**　になったと判断できる。

④ このように，対物レンズを交換した場合には，交換前の倍率で算出した接眼ミクロメーター１目盛りの示す長さと交換前後の拡大倍率の違いから，交換後の接眼ミクロメーター１目盛りの示す長さを計算することが可能である。→⑪

⑪レンズの倍率の誤差などから，レンズの組合せを替えて，実際に接眼ミクロメーターと対物ミクロメーターを使って，接眼ミクロメーターの1目盛りが示す長さを計算しておく方が正確である。

接眼ミクロメーターの１目盛りが示す長さの変化

対物レンズの倍率を n 倍にすると，

接眼ミクロメーターの１目盛りが示す長さは $\dfrac{1}{n}$ 倍になる。

EXERCISE 5 ● 接眼ミクロメーターが示す長さの変化

　顕微鏡下で，ある繊維の太さを測定した手順とその結果について述べた次の文中の空欄に入る数値または記述として最も適当なものを，後の①〜ⓑからそれぞれ一つずつ選べ。

　接眼ミクロメーターを顕微鏡に取り付け観察したところ，繊維の太さは接眼ミクロメーターの４目盛りの長さであった。次に，同じ倍率で対物ミクロメーターを取り付け観察したところ，図１のように接眼ミクロメーターの42と62の目盛りが対物ミクロメーターの目盛り（１目盛りが $\dfrac{1}{100}$ mm）と重なった。これらのことから，この繊維の太さが約　ア　μm であることが求められる。なお，対物レンズだけを高倍率に変えて，図１と同様の像を観察すると，対物ミクロメーターの目盛りの幅が拡大して見えるが，１目盛りの示す長さは変わらない。一方，接眼ミクロメーターについては，　イ　。

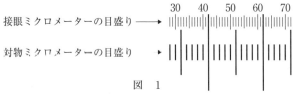

図　１

① 0.5　　② 2　　③ 5　　④ 8

⑤ 10　　⑥ 20　　⑦ 50　　⑧ 80

⑨ 目盛りの幅が拡大して見えるが，１目盛りの示す長さは変わらない

⓪ 目盛りの幅が拡大して見えるが，１目盛りの示す長さは小さくなる

ⓐ 目盛りの幅の見え方は変わらないが，１目盛りの示す長さは小さくなる

ⓑ 目盛りの幅の見え方と１目盛りの示す長さは，どちらも変わらない

（センター試験追試・改）

解答 ア−⑥　イ−ⓐ

解説 ア．接眼ミクロメーターの20目盛りと対物ミクロメーターの10目盛りが一致しているから，もとの倍率での接眼ミクロメーター1目盛りが示す長さは，

$$\frac{10 \times 10}{20} = 5\,(\mu\text{m})\text{である。}$$

問題の繊維の太さは，$5 \times 4 = 20\,(\mu\text{m})$。

イ．対物レンズよりも後方(観察者側)に位置する接眼ミクロメーターの見え方は，対物レンズの倍率を変えても**変化しない**。また，対物レンズの倍率を n 倍にすると，接眼ミクロメーターの1目盛りが示す長さは $\dfrac{1}{n}$ 倍になるのだから，**対物レンズを高倍率のものに変えると，接眼ミクロメーターの1目盛りが示す長さは，もとよりも小さくなる。**

共通テストでは…　教科書の「探究活動」で扱われているような実験を題材とした出題がある。また，マニュアル通りではない計算問題も少なくないため，ふだんから**生命現象や実験手順の意味をよく考えて学習しよう。**

SUMMARY & CHECK

① 押しつぶし法は，一般に<u>固定</u>→<u>解離</u>→<u>染色</u>→<u>押しつぶし</u>の順に行う。

② 光学顕微鏡の操作手順では，ピントを調節する際に<u>対物レンズ</u>とプレパラートが離れる方向に調節ねじを回す。

③ 光学顕微鏡では，視野調節の際に視野内で対象物を動かしたい方向と<u>プレパラート</u>を移動させる方向は<u>反対</u>(逆)になる。

④ 対物ミクロメーターの1目盛りが示す長さは，対物ミクロメーターと接眼ミクロメーターの両目盛りが一致している2か所を探し，

$$\frac{\underline{\text{対物ミクロメーター}}\text{の目盛り数} \times 10\,\mu\text{m}}{\underline{\text{接眼ミクロメーター}}\text{の目盛り数}}$$

から計算する。

⑤ 対物レンズの倍率を n 倍にすると，接眼ミクロメーターの1目盛りが示す長さは $\dfrac{1}{n}$ 倍になる。

THEME
4
代謝とエネルギー
Metabolism and energy

GUIDANCE 生物はエネルギーを利用してさまざまな生命活動を行っている。また，そのとき，穏やかな条件にある生体内の適切な位置で，円滑に化学反応が進行している。生体内で起こる化学反応にはたらく物質とその特性はどのようなものなのかを理解しよう。

POINT 1 代謝の捉え方

① **代謝とは**：細胞内での物質の合成や分解をまとめて<u>代謝</u>といい，代謝に伴って<u>エネルギー</u>の出入りが起こる。

② **同化**：**単純な物質**（無機物や単純な有機物）から**複雑な物質**（有機物，あるいは相対的に複雑な有機物）を合成し，物質内への**エネルギーの取り込み**が起こる過程を<u>同化</u>という。光エネルギーを利用して，二酸化炭素と水から有機物を合成する<u>光合成</u>は，同化の代表例である。

③ **異化**：**複雑な物質**を**単純な物質**に分解し，物質からのエネルギーの解放が起こる過程を<u>異化</u>という。酸素を用いて有機物を二酸化炭素と水に分解する<u>呼吸</u>は，代表的な異化^{→■1}である。

■1 酸素がなくとも，有機物を分解してエネルギーを解放することが可能である。酸素供給が不足する筋肉などで進行する乳酸生成も異化の一例である。

　酵母や乳酸菌は酸素を用いない発酵によってアルコールや乳酸をつくる過程でATPを得る。酒類やヨーグルトのような発酵食品はその結果得られる（p.46のPLUS 酸素を用いない異化作用を参照）。

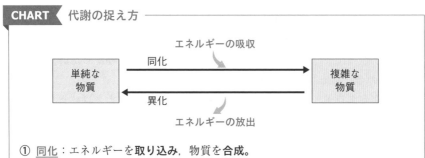

CHART 代謝の捉え方

エネルギーの吸収
同化
単純な物質 → 複雑な物質
異化
エネルギーの放出

① <u>同化</u>：エネルギーを**取り込み**，物質を**合成。**
② <u>異化</u>：物質を**分解**し，エネルギーを**解放。**
③ **同化と異化の関係**：物質の合成・分解，エネルギーの取り込み・解放のいずれに着目しても，**逆の反応**である。

EXERCISE 6 ●代謝の捉え方

　植物および動物における代謝を下図に示した。図中の矢印ア〜オのうち，同化の過程を過不足なく含むものを，後の①〜⑨から一つ選べ。

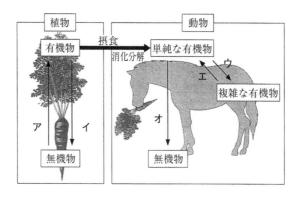

① ア　　　② イ　　　③ ア，ウ　　　④ ア，エ　　　⑤ イ，ウ

⑥ イ，エ　　⑦ イ，オ　　⑧ ア，エ，オ　　⑨ イ，エ，オ

（センター試験本試）

．．．

解答　③

解説　アは光合成の過程。また，植物でなく動物であっても，単純な物質を複雑な物質に合成する過程（ウ）は同化である。イ・エ・オは異化の過程。

POINT2　ＡＴＰ

① **ATP**：細胞内での代謝によるエネルギーの受け渡しは，ATP（アデノシン三リン酸^{→[2]}）を介して行われる。塩基の一種である**アデニン**と糖の一種である**リボース**が結合した**アデノシン**に，**リン酸**が3個結合した構造。

② **ATPの合成と利用**：異化に伴い物質から解放されたエネルギーは，ADP（アデノシン二リン酸）にリン酸を結合させて合成されるATPの高エネルギーリン酸結合中に蓄え^{→[3]}られることが多い。同化に使われるエネルギーは，**ATPがADPとリン酸に分解される過程**^{→[4]}で供給される。

[2] ATP（<u>a</u>denosine <u>t</u>riphosphate）は，生体内での**エネルギーの通貨**とも呼ばれる。

[3] 異化で解放されたエネルギーのすべてがATP中に蓄えられるわけではない。熱エネルギーなどとして喪失する分も多い。

[4] ATP＋H_2O
　→ ADP＋リン酸
　　＋エネルギー

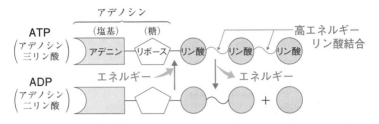

① ATP（アデノシン三リン酸）の**高エネルギーリン酸結合は 2 つ**である。
② 生体内の ATP は多くはなく，**ATP が分解されても，再び ADP とリン酸から再生される**ことが繰り返される。

PLUS ATP で衛生管理

　　手やドアノブなどに付着した細菌類を，シャーレ上の培地で培養したようすを見たことがないだろうか。そのタイプの検査は結果が出るまでに数日かかる。
　しかし，存在する細菌類や菌類のほか，食物の残渣や人間の汗やだ液などには必ず ATP が含まれている。これを利用して，ATP 量を調べることで，食品製造過程での食中毒の防止や医療の現場での感染症回避のための衛生管理を，細菌類などを培養して検査するよりも手早く行うことが可能になっている。なお，ウイルスは ATP をもたないため，ウイルスそのものを ATP の存在から検出することはできない。

EXERCISE 7 ● ATP の構造

　　ATP に関して述べた次の文中の空欄に入る語句として最も適当なものを，後の①～⑦からそれぞれ一つずつ選べ。
　ATP は，塩基の一種である ┃ ア ┃，糖の一種，および ┃ イ ┃ が結合した化合物である。ATP は，┃ イ ┃ どうしの結合が切れるときにエネルギーを放出する。呼吸（細胞呼吸）においては，┃ イ ┃ と ┃ ウ ┃ から ATP が合成される。

① アデニン　　　② アデノシン　　　③ リン酸　　　④ リボース
⑤ デオキシリボース　　⑥ アデノシン二リン酸　　⑦ アンモニア
（センター試験追試・改）

┄┄┄

解答 ア - ①　イ - ③　ウ - ⑥
解説 ② アデノシンは，アデニンとリボースが結合したもの。

POINT 3 酵　素

① **代謝の進行**：代謝のさまざまな化学反応は，<u>酵素</u>により促進されている。

② **酵素の性質**：**反応の前後で自身は変化することはないが，化学反応を促進**させる物質を<u>触媒</u>といい，酵素は<u>タンパク質</u>からなる<u>生体触媒</u>である。

③ **基質特異性**：酵素は特定の物質だけに作用する。酵素が作用する物質を<u>基質</u>といい，酵素が特定の物質にしかはたらかない性質を<u>基質特異性</u>という。

CHART 酵素のはたらき

　オキシドール（3％の過酸化水素水）をヒトの傷口につけたり，ブタの肝臓片をオキシドールの入った試験管に加えたりすると，気泡が発生する。

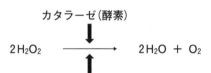

細胞内に含まれる<u>カタラーゼ</u>という酵素が<u>触媒</u>としてはたらき，<u>基質</u>である過酸化水素を水と<u>酸素</u>に分解する。

酸化マンガン（Ⅳ）（無機触媒）←カタラーゼと同じはたらきをする無機物。二酸化マンガンとも呼ばれる。

POINT 4 酵素の分布

① **細胞小器官のはたらきと酵素の関係**：細胞小器官が特定のはたらきを示すのは，それぞれのはたらきに関係する特定の酵素をもつからである。

② **酵素のはたらく場所**：消化酵素やリゾチームのように細胞外に分泌されてはたらく酵素もあるが，多くの酵素は細胞内ではたらく。

5 消化酵素は消化管内ではたらく。免疫分野で登場する，化学的防御にはたらくリゾチームは，体表面ではたらいて細菌の細胞壁を分解する酵素。

CHART 酵素のはたらく場所

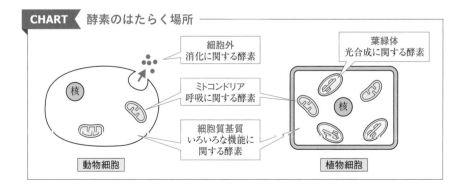

POINT 5 生体内での酵素の反応

① **物質の合成**：生体内では非常に多くの化学反応が整然と
進行し、いくつかの反応が組み合わさって目的の物質が得
られる。

② **多種類の酵素の必要性**：それぞれの酵素は触媒できる化
学反応が決まっているため、生物の体内には多種多様な酵
素が備わっている。

6下の PLUS 酵素
反応の特徴を参照。

CHART 生体内での酵素の反応

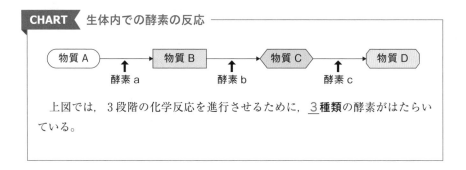

上図では、3段階の化学反応を進行させるために、<u>3</u>種類の酵素がはたらい
ている。

PLUS 酵素反応の特徴

① **酵素反応の特性**：**酵素の作用を受ける物質**を基質といい、酵素は基質と
結合し、いったん酵素－基質複合体となってから、基質は生成物に変化する。

② **酵素と基質の関係性**：酵素の構造の一部（活性部位）の立体構造が基質の構造と合
致して複合体が形成されるため、それぞれの酵素は基質特異性をもつ。

〔酵素の作用機序〕

③ **最適温度**：無機触媒とは異なり、酵素は最も大きな反応速度を示す最適温度をも
つ。ヒトの酵素は $35\,^\circ\mathrm{C} \sim 40\,^\circ\mathrm{C}$ 付近に最適温度をもつことが多い。

④ **最適 pH**：反応速度が最大となる最適 pH は、酵素の種類によって異なる。

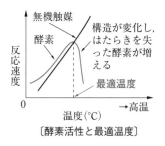

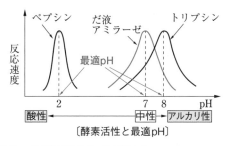

〔酵素活性と最適温度〕　　　　〔酵素活性と最適pH〕

※生物の生息環境や酵素のはたらく部位に依存し，最適温度や最適pHが異なる。

EXERCISE 8 ●酵素

酵素に関して述べた次の記述のうち，**誤っているもの**を一つ選べ。
① 食物として摂取した酵素の多くは，そのままヒトの体内に取り込まれて細胞内ではたらく。
② 酵素は，主にタンパク質でできている。
③ 多くの酵素は，繰り返し作用し得る。
④ ある種の酵素は，細胞外に分泌されてはたらく。
⑤ 酵素反応の多くは，生体内のような比較的穏やかな条件で進む。

(センター試験追試)

- - - - - - - - - -

解答 ①

解説 ①，② 酵素はタンパク質でできているため，胃液中のペプシンやすい液中のトリプシンなどの作用を受けた後，アミノ酸になってから小腸で吸収される(中学の学習内容)。ヒト細胞内では，このアミノ酸をもとに酵素などのタンパク質を再合成する(高校の学習内容)。
④ 消化酵素は細胞外ではたらく(消化管内は細胞外)。

TECHNIQUE　　カタラーゼの実験

実験 カタラーゼや酸化マンガン(Ⅳ)のはたらきや性質を調べるために，試験管を4本用意し，適量のオキシドール(3％の過酸化水素水)を入れた。さらにそれぞれの試験管に以下の物質を加え，室温で気体の発生を確認した。
・試験管A … 何も加えない。
・試験管B … 石英砂(触媒作用はない)を加える。

・試験管Ｃ … ブタの肝臓片（カタラーゼを含む）を加える。

・試験管Ｄ … 酸化マンガン（Ⅳ）を加える。

結果 下表の通り。ただし，試験管Ｃ・Ｄともやがて気泡の発生は停止した。

試験管Ａ	試験管Ｂ	試験管Ｃ	試験管Ｄ
−	−	＋	＋

※＋は気泡が激しく発生，−は気泡が発生しなかったことを示す。

考察 ① **発生した気体の正体**：気泡の発生が停止した直後，火をつけた線香を試験管Ｃ・Ｄ内に挿し込むと，炎を上げて激しく燃えた。

➡ 発生した気体は（過酸化水素の分解で生じた）酸素である。→7

> 7 酸素は助燃性（物質が燃焼することを助ける性質）がある。

② **反応前後での触媒の変化**：気泡の発生が停止した後，試験管Ｃにブタの肝臓片，Ｄに酸化マンガン（Ⅳ）を新たに加えても気泡は再発生しない。

➡ ブタの肝臓片に含まれるカタラーゼや酸化マンガン（Ⅳ）は触媒であり，反応前後で減少するわけではない。

③ **気泡発生停止の理由**：気泡の発生が停止した後，試験管Ｃ・Ｄにオキシドールを入れると気泡が再発生する。

➡ 触媒作用を受けるオキシドール中の過酸化水素が枯渇していたことが，気泡発生が停止したことの原因である。

④ **試験管Ａ・Ｂの意味**：試験管Ａの結果から，オキシドールは単独では気泡を生じないことがわかる。石英砂を加えた試験管Ｂは，試験管内のオキシドールに物理的に何かを投入すれば気泡発生が見られる可能性などを排除するための，対照実験である。→8

> 8 ある条件の影響を明らかにしようとするとき，目的とする条件以外を揃えて行う実験。この場合，試験管ＣやＤの結果を試験管Ｂと比較することで，触媒作用をもつ物質が入ったことが気泡発生に及ぼす影響を明らかにできる。

EXERCISE 9 ●酵素の実験

ニワトリの肝臓に含まれる酵素の性質を調べるために，過酸化水素水にニワトリの肝臓片を加えたところ，酸素が盛んに泡となって発生した。この結果から，ニワトリの肝臓に含まれる酵素は，過酸化水素を分解し酸素を発生させる反応を触媒する性質をもつことが推測される。しかし，酸素の発生が酵素の触媒作用によるものではなく，「何らかの物質を加えることによる物理的刺激によって過酸化水素が分解し酸素が発生する」という可能性［1］，「ニワトリの肝臓片自体から酸素が発生する」という可能性

［2］が考えられる。可能性［1］と［2］を検証するためには，次の①～⑥の
うちどの実験を行えばよいか，最も適当なものをそれぞれ一つずつ選べ。
① 過酸化水素水に酸化マンガン(Ⅳ)*を加える実験
② 過酸化水素水に石英砂**を加える実験
③ 過酸化水素水に酸化マンガン(Ⅳ)と石英砂を加える実験
④ 水にニワトリの肝臓片を加える実験
⑤ 水に酸化マンガン(Ⅳ)を加える実験
⑥ 水に石英砂を加える実験

> *酸化マンガン(Ⅳ)：「過酸化水素を分解し酸素を発生させる反応」を触媒する。
> **石英砂：「過酸化水素を分解し酸素を発生させる反応」を触媒しない。

(センター試験本試・改)

....

解答　可能性［1］-②　可能性［2］-④

解説　　TECHNIQUE　でみた通りの実験ではあるが，「丸ごと全部覚えてしま
え！」とはやらないでほしい。

可能性［1］：「何らかの物質を加えることによる物理的刺激によって過酸化水素
が分解し酸素が発生する」ことを検証したいのだから，**過酸化水素水に物理
的刺激だけを与えられる実験**を行えばよい。①や③のように酸化マンガン(Ⅳ)
を利用すると，酸化マンガン(Ⅳ)のもつ触媒作用がはたらき，過酸化水素が
酸素に分解されてしまう。

可能性［2］：「ニワトリの肝臓片自体から酸素が発生する」ことを検証するため
には，まず**ニワトリ肝臓片を実験に用いる**必要がある。これを考えるだけで
④しかありえないが，①～③のように過酸化水素水が存在すると，過酸化水素
水から酸素が発生している可能性を棄却できなくなってしまう。

 SUMMARY & CHECK

① 生体内で進行する化学反応，すなわち<u>代謝</u>は，**エネルギーを吸収して
単純な物質を複雑な物質に合成する**<u>同化</u>と，**複雑な物質を単純な物質
に分解しエネルギーを解放する**異化に大別される。

② 同化と異化の進行に伴い，エネルギーの媒介物質である <u>ATP</u> の分解
や合成が起こる。

③ 代謝の過程では，<u>タンパク質</u>でできている<u>酵素</u>が触媒としてはたらい
ている。酵素は特定の<u>基質</u>にだけはたらきかける<u>基質特異性</u>を示す。

THEME
5 光 合 成
Photosynthesis

GUIDANCE　光合成とは，「二酸化炭素を取り込んで酸素を放出すること」と思っているかもしれない。植物は，何のために二酸化炭素を取り込んで，どうして酸素を放出しているのか。光合成の本当の目的は何にあるのか。ここでは，光合成と光合成の場である葉緑体について学んでいこう。

POINT 1 葉緑体のはたらき

① **はたらき**：葉緑体は光合成の場である。

② **光合成の反応**：太陽の光エネルギーを利用して，気孔から取り込んだ大気中の二酸化炭素と，根から吸い上げた水から，デンプンなどの有機物を合成する[1]。その際に，酸素が発生し植物体外に放出される。

二酸化炭素(CO_2) ＋ 水(H_2O) ＋ 光エネルギー

　　　→ 有機物($C_6H_{12}O_6$)[2] ＋ 酸素(O_2)

[1] 光合成の目的は，有機物合成にあることに注意しよう。

[2] 光合成で直接デンプンがつくられるわけではない。デンプンは多数のグルコース($C_6H_{12}O_6$) が結合したものなので，光合成でグルコースができると表現されることも多い。

CHART　光合成の反応

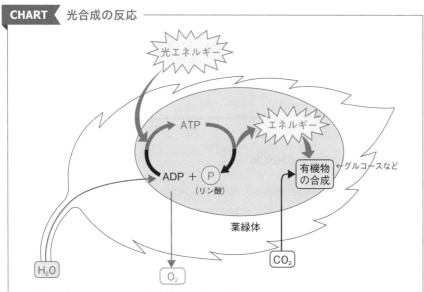

太陽の光エネルギーは有機物の合成に直接つかわれるのではなく，いったん ATP 中の化学エネルギーに変換されてから利用される。

PLUS 光合成の詳しいしくみ

(1) チラコイドで起こる反応

① **光エネルギーの吸収**

光合成色素であるクロロフィルが，光エ
ネルギーを吸収して活性化する。

② **有機物合成に必要な物質の合成**

水が分解されて酸素を生じるとともに，
ATP と NADPH がつくられる。

(2) **ストロマで起こる反応(カルビン回路)**

③ **有機物の合成(炭酸同化)**

ATP と NADPH をつかって，二酸化炭素を有機物に変える。この過程では水
が生じる。

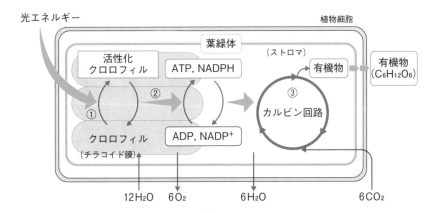

$$6CO_2 + 12H_2O + 光エネルギー \longrightarrow C_6H_{12}O_6 + 6O_2 + 6H_2O$$

POINT 2 有機物の行き先

① **同化デンプン**：光合成でつくられた有機物は，葉緑体内
でいったん同化デンプンに合成される。

② **転流**：同化デンプンは，必要に応じてスクロースになっ
て体内の別の組織へと運ばれる(転流)。→3

③ **光合成産物の利用**：スクロースは，ミトコンドリアで行わ
れる呼吸で消費されたり，根・茎・葉などからだを構成する
物質の合成に利用されたりする。また，種子や肥大した根
や茎(芋)などのなかでは貯蔵デンプンとなって蓄えられる。

3 葉で合成した物質
(同化産物)の運搬
は，茎などにある師
部中の師管を通して
行われる。なお，根
から吸収した水や無
機塩類は，木部中の
道管を通して運ばれ
る。

EXERCISE 10 ●光合成の反応

　下図に示すパズルのⅠ～Ⅲに，下のピース①～⑥のいずれかを当てはめると，光合成あるいは呼吸の反応について模式図が完成する。図のⅠ～Ⅲそれぞれに当てはまるピースをそれぞれ一つずつ選べ。なお，図中の®はリン酸を表す。

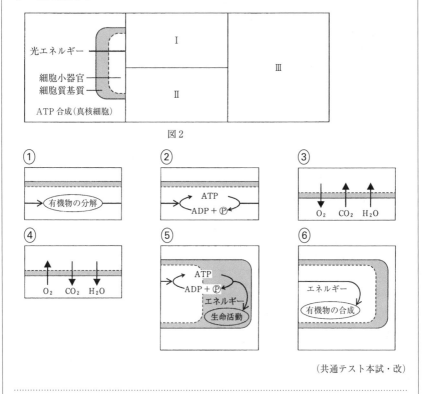

図2

(共通テスト本試・改)

....

解答 Ⅰ-② Ⅱ-③ Ⅲ-⑥

解説 図中に光エネルギーが示されていることから，呼吸ではなく**光合成**の反応についての模式図と判断できる。光合成では，葉緑体において**光エネルギーがいったんATP中の化学エネルギーへと転換され，ATPを利用して有機物が合成される。**よって，Ⅰには光エネルギーの矢印の連続性から①ではなく②が，Ⅲには⑤ではなく⑥が当てはまる。また，光合成に際して，葉緑体ではCO_2とH_2Oが吸収され，O_2が放出される。よってⅡには④ではなく③が当てはまる。

PLUS 光エネルギーを利用して有機物が合成されていることを確認する実験

(1) アサガオなどの葉には，葉緑体がない**斑**（正確にはクロロフィルを合成できない白色体が存在する）をもつものがある。

(2) ふつうの緑葉の一部をアルミニウム箔で覆って遮光したもの，あるいは斑入り葉をそのままの状態にしたものを直射日光下に適切な時間放置する。

〔斑入りの葉〕

CHAPTER 1

生物の特徴

(3) 温めたエタノールで葉を脱色してから，ヨウ素液（ヨウ素ヨウ化カリウム溶液）を利用して葉にあるデンプンを染色する。

➡ 日光に当たった緑色だった部分だけがヨウ素デンプン反応で紫色に呈色することから，葉の緑色の部分が光エネルギーを利用して光合成を行い，有機物（デンプン）を合成していることがわかる。

EXERCISE 11 ●光合成の実験

植物細胞内で起こるデンプン合成のようすを調べるため，次の〔実験〕を行った。

〔**実験**〕 アジサイの葉の半分程度をアルミニウム箔で覆って遮光した後，直射日光が当たる場所で6時間放置した。湯せんで温めたエタノール中で葉を脱色処理した後，薄めたヨウ素液で染色したところ，アルミニウム箔で覆わなかった部分は濃く染まったが，アルミニウム箔で遮光した部分は染まらなかった。

問 次の文章は，光合成反応のしくみ，および〔実験〕に関する記述である。文中の空欄に入る語句として最も適当なものを，後の①〜⑥からそれぞれ一つずつ選べ。

植物は，葉緑体で光合成を行っている。葉緑体で光エネルギーが吸収されると，そのエネルギーを利用して ATP が合成される。この ATP を用いて，│ **ア** │からデンプンなどの有機物を合成する化学反応が進行する。アジサイの斑入りの葉（緑と白のまだら模様の葉）を用いて，〔実験〕と同様の操作を行ったところ，アルミニウム箔で│ **イ** │の部分だけが濃く染まった。これは，葉の一部のみが正常な葉緑体をもち，光合成によってデンプンを蓄積したためと考えられる。

① O_2 ② CO_2 ③ 覆った側の緑   ④ 覆った側の白
⑤ 覆わなかった側の緑   ⑥ 覆わなかった側の白

（センター試験追試・改）

解答 ア-② イ-⑤

解説 正常な葉緑体をもつ葉の緑の部分のうち，アルミニウム箔で覆わなかった側で光合成によるデンプン合成が進み，ヨウ素液による染色で濃く染まる。

+ PLUS

植物の色の由来

① 植物の葉は緑色であり，これは葉緑体中のクロロフィルによるものである。花や果実には赤や黄色であるものもみられ，これらはクロロフィルによるものではない。

② 色素を含む細胞内の構造体には，色素体(葉緑体も包括する，葉緑体類似の構造)や液胞がある。

③ 秋の樹木の葉の黄変(イチョウなど)は，葉緑体(色素体)中に**多量に存在した緑色のクロロフィルが分解され，その陰に隠されていた黄色の**カロテノイド類**(光合成色素の一種)が目立つ**ようになることによる。パンジーの黄色の花弁も葉緑体(色素体)中のカロテノイド類による。

④ 秋に変色した紅葉，ナスの紫色の果実，イチゴの赤い可食部，パンジーの紫色の花弁などは，液胞中のアントシアン(アントシアニン)による。アントシアンは pH(酸性・アルカリ性の度合い)によって赤色・紫色・青色に変化する。

秋に樹木(カエデなど)の葉が赤く紅葉するのは，**気温の低下に伴って赤色のアントシアンが合成されること**による。

:) **SUMMARY & CHECK**

① 葉緑体では，光エネルギーを用いて，二酸化炭素と水から有機物を合成し，酸素を放出する光合成が起こる。

② 光合成の際には，光エネルギーはいったん ATP 中の化学エネルギーに変換されてから，有機物の合成に利用される。有機物は，ミトコンドリアなどで進行する植物自身の呼吸に利用されるほか，動物に取り込まれて利用される。

THEME

6 呼 吸
Respiration

> **GUIDANCE** 呼吸といえば，日常的には「肺で」「酸素を取り込み」，「二酸化炭素を放出」することかもしれない。けれども，実際に酸素を必要とし，二酸化炭素を発生させているのは，細胞がもつミトコンドリアなのである。ここでは，ミトコンドリアが行う呼吸について学んでいこう。

POINT 1 ミトコンドリアのはたらき

① **はたらき**：ミトコンドリアは呼吸の場である。

② **呼吸の反応**：酸素を用いて有機物を二酸化炭素と水に分解し，この過程で解放されたエネルギーを利用して，ATP を合成する。[1]

有機物($C_6H_{12}O_6$) ＋ 酸素(O_2)

　　　　──→ 二酸化炭素(CO_2) ＋ 水(H_2O) ＋ エネルギー(ATP)

[1]「肺で酸素を吸収し二酸化炭素を放出すること」は，外呼吸と呼ばれる。通常，生物基礎で考える呼吸とは，細胞レベルで行われる呼吸（細胞呼吸，内呼吸）。

CHART 呼吸の反応

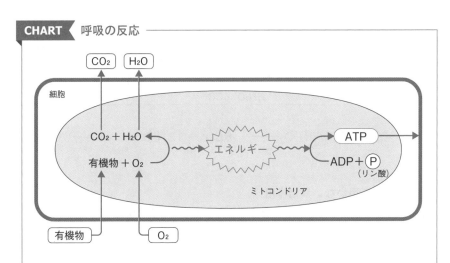

有機物から化学エネルギーが取り出され，ATP 中の化学エネルギーに転換される。

PLUS 呼吸の詳しいしくみ

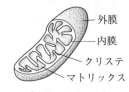

－外膜
－内膜
－クリステ
－マトリックス
〔ミトコンドリア〕

(1) 細胞質基質で起こる反応（解糖系）

有機物の分解（第一段階）：グルコースがピルビン酸に分解される過程で，ATP と NADH がつくられる。

(2) ミトコンドリアのマトリックスで起こる反応（クエン酸回路）

有機物の分解（第二段階）：ピルビン酸が二酸化炭素にまで分解される過程で，ATP・NADH・FADH$_2$ がつくられる。この過程では水が消費される。

(3) ミトコンドリアの内膜で起こる反応（電子伝達系）

① **多量の ATP 合成**：解糖系やクエン酸回路で獲得された NADH や FADH$_2$ を利用して，多量の ATP が合成される。

② **水の生成**：電子伝達系では，酸素が消費されて水が生じる。

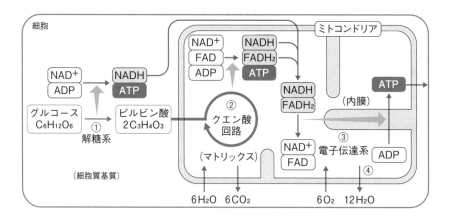

$$C_6H_{12}O_6 + 6O_2 + 6H_2O \longrightarrow 6CO_2 + 12H_2O + エネルギー（ATP）$$

PLUS 酸素を用いない異化作用

酸素がなくても，有機物を分解してエネルギーを取り出し，ATP を合成することができる。

① **アルコール発酵**：酒類やパンの製造に利用される酵母は，グルコースなどの糖をエタノールと二酸化炭素に分解する過程（アルコール発酵）で，エネルギーを得ることができる。

$$\underset{グルコース}{C_6H_{12}O_6} \longrightarrow \underset{エタノール}{2C_2H_5OH} + 2CO_2 + エネルギー（ATP）$$

ビールやシャンパンの炭酸や，パン製造時のイースト菌（酵母）によるパン生地を膨らませるガスは，アルコール発酵で発生する二酸化炭素である。

② **乳酸発酵**：ヨーグルトや漬物の製造に利用される乳酸菌は，グルコースなどの糖を乳酸に分解する過程（乳酸発酵）で，エネルギーを得ることができる。

$$C_6H_{12}O_6 \longrightarrow 2C_3H_6O_3 + エネルギー（ATP）$$
　　グルコース　　　　　　乳酸

③ **解糖**：動物の筋肉は，激しい活動で酸素の供給が不十分であっても，ATP を獲得して収縮を継続できる。動物の組織で起こる乳酸生成は解糖と呼ばれ，反応式は②**乳酸発酵**と同じ。呼吸に比べて素速く行えるため，運動開始直後にも起こる。

POINT 2　ATP の利用

　ATP は，細胞内で行われるさまざまな生命活動のエネルギー源として利用されている。

CHART　ATP の利用

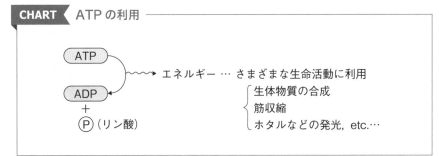

POINT 3　ヒトの生活とエネルギー

　体格・性別・年齢・運動量などによっても異なるが，1 日に 2000〜3000 kcal 程度のエネルギーが必要だといわれている。

[2] 栄養学では，カロリー（cal）が用いられることが多い。1 kcal＝4.2 kJ。

① **呼吸と生命の維持**：肺から取り込まれた酸素は，血液の循環によって各細胞へ送られる。その結果，細胞で進行する呼吸によって ATP が合成されて，生命活動が維持される。

[3] 心臓の停止によって細胞への酸素供給が滞ると，個体として死に至る。

② **器官別の ATP 消費量**：運動時には，筋肉で多くの ATP が消費される。代謝が盛んな肝臓のほか，脳による消費量も多い。

③ **ATP の再生**：体内では，ADP とリン酸からの ATP 再生が繰り返されている。そのため，実際に消費される ATP 量と比較して，体内には極めてわずかな量の ATP しか存在しない。

① **共通点**：呼吸と燃焼は，いずれも<u>酸素</u>を用いて有機物を<u>二酸化炭素</u>と<u>水</u>にまで分解することは同じ。

② **相違点**：燃焼では反応が**急激に進行**して，有機物中の化学エネルギーはすべて<u>熱エネルギー</u>や<u>光エネルギー</u>として放出されるのに対し，呼吸では酵素を用いて有機物を**段階的に穏やかに分解**することで，有機物中の化学エネルギーを生命活動に利用できる ATP **中に蓄える**ことができる。

4 有機物から解放されたエネルギーのすべてが ATP 中に蓄えられるわけではなく，熱エネルギーとなってしまう分も多い。

① **植物**：植物細胞は葉緑体とミトコンドリアの両方をもつため，植物は<u>光合成</u>と<u>呼吸</u>の両方を行っている。

② **動物**：動物細胞には<u>葉緑体</u>がないため，ミトコンドリアでの<u>呼吸</u>のためには，植物や他の動物がつくった有機物を体外から取り入れる必要がある。

5 植物は生態系において生産者としてはたらく独立栄養生物。他の生物がつくった有機物を取り込んで生活する動物などは，消費者としてはたらく従属栄養生物。

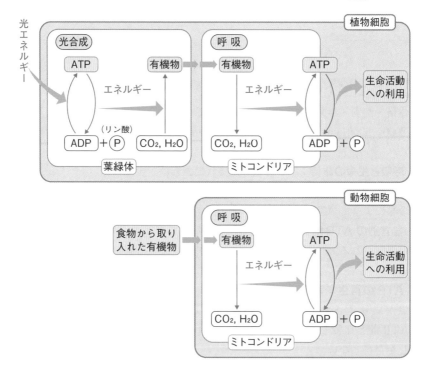

EXERCISE 12 ●光合成と呼吸

細胞が行うさまざまな生命活動では，エネルギーが利用されている。このことに関する記述として最も適当なものを，次から一つ選べ。

① 植物細胞では，光のエネルギーを利用して二酸化炭素と有機物から水と酸素がつくり出される。

② 動物細胞では，有機物が二酸化炭素と反応して水を生じるときにエネルギーが取り出される。

③ 葉緑体をもたない生物は，エネルギーを蓄えている ATP を取り込まないと生活できない。

④ 葉緑体をもつ生物は，体外からエネルギー源として有機物を取り込まずに生活することができる。

⑤ 体内で ATP は，ADP とリン酸に分解されてエネルギーが放出されるが，できた ADP が再利用されることはない。

(センター試験追試)

....

解答 ④

解説 ③ ATP は細胞の中で合成され，細胞の中で消費されるものであり，体外から取り入れるものではない。

④ 植物のような葉緑体をもつ生物や，クロロフィルをもち光合成できるシアノバクテリアなどは，無機物から有機物を合成できるため，体外から有機物を取り入れる必要がない(独立栄養)。

:) SUMMARY & CHECK

① 呼吸は，主にミトコンドリアで進行する異化作用である。ミトコンドリアでは，酸素を用いて，有機物を二酸化炭素と水に分解する。

② 呼吸の進行に伴い，有機物から解放された化学エネルギーを利用して，ATP が合成される。ATP 中の化学エネルギーを利用して，いろいろな生命活動が行われる。

③ ヒトの場合，肺における酸素の取り込みは，細胞での呼吸による ATP 合成を進行させるために行われている。生体の状態や器官によって，必要な ATP 量は大きく異なる。

THEME

7　核　　酸

Nucleic acid

GUIDANCE　すべての生物は，遺伝情報として DNA をもっている。DNA と RNA をまとめて核酸という。核酸の構成単位と DNA・RNA の構造，現代の生物学で核酸がスポットライトを浴びるようになった経緯を学ぼう。

POINT 1　核　　酸

① **核酸**：核酸は，<u>DNA</u>（デオキシリボ核酸）と <u>RNA</u>（リボ核酸）に分類できる。すべての生物は，遺伝情報を担う物質として <u>DNA</u> をもっている。

② **核酸の構造**：DNA も RNA も，多数の<u>ヌクレオチド</u>が連なった分子である。

③ **ヌクレオチドの構造**：ヌクレオチドは，<u>塩基</u>，<u>糖</u>，<u>リン酸</u>（H_3PO_4）の３つの要素からできている。

④ **DNA を構成するヌクレオチド**：塩基は，<u>アデニン</u>（<u>A</u>），<u>チミン</u>（<u>T</u>），<u>グアニン</u>（<u>G</u>），<u>シトシン</u>（<u>C</u>）で，糖は<u>デオキシリボース</u>。

⑤ <u>**RNA を構成するヌクレオチド**</u>[1]：塩基はアデニン，<u>ウラシル</u>（<u>U</u>），グアニン，シトシンで，糖は<u>リボース</u>。

[1] ATP は，アデニン＋リボース＋リン酸×3 からなる。

CHART　ヌクレオチドの構造

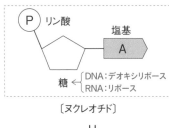

〔ヌクレオチド〕

	A	アデニン		A	アデニン
	T	↙DNAだけ チミン		U	↙RNAだけ ウラシル
	G	グアニン		G	グアニン
	C	シトシン		C	シトシン

DNA　〔塩基の種類〕　RNA

〔デオキシリボース〕←DNA　　　〔リボース〕←RNA

※デオキシリボースとリボースの違いは ■ だけ。構造を覚える必要はない。

⑥ **ヌクレオチドの結合**：隣り合うヌクレオチド間で，<u>糖</u>と<u>リン酸</u>が結合する（主鎖は，糖とリン酸からなる）。

⑦ **DNA の構造**：DNA は <u>2</u> 本のヌクレオチド鎖が向かい合って並び，塩基どうしで結合した**二重らせん構造**をしている（次の **POINT 2** で詳述）。

⑧ **RNA の構造**：RNA は <u>1</u> 本のヌクレオチド鎖からなる。

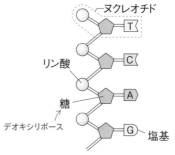

〔DNA を構成するヌクレオチド鎖〕

EXERCISE 13 ●ヌクレオチドの構造

DNA の構成単位の模式図として最も適当なものを，①～③から一つ選べ。また，そこに含まれる糖として最も適当なものを，④～⑥から一つ選べ。

① リン酸—塩基—糖 ② 塩基—糖—リン酸

③ 糖—リン酸—塩基

④ グルコース ⑤ リボース ⑥ デオキシリボース

（センター試験追試・改）

| 解答 | 模式図 -② 糖 -⑥

| 解説 | 模式図は意外に間違える。**図を眺めて終わりにせず，実際に描いてみよう。**

POINT 2 DNA の二重らせん構造

① シャルガフの規則（1949年）

シャルガフは，さまざま生物の異なる組織であっても，DNA に含まれる塩基について，A：<u>T</u> = G：<u>C</u> = 1：1（数の比）であることを見出した（右表）。

➡ DNA 中には，**A**

生物 ＼ 塩基	A	T	G	C
ウシ（ひ臓）	28.2	28.2	21.2	22.3
ウシ（肝臓）	28.8	29.0	21.0	21.1
ウシ（精子）	28.7	27.2	22.0	22.0
ヒト（肝臓）	30.3	30.3	19.5	19.9
バッタ	29.3	29.3	20.5	20.7
コムギ	26.8	28.0	23.2	22.0
酵母	31.3	32.9	18.7	17.1
大腸菌	26.0	23.9	24.9	25.2

と<u>T</u>，Gと<u>C</u>の相補的な塩基対が存在することが示唆された。

表からは，
① 塩基の割合は，生物によって異なる。
② 同一の生物では，異なる組織であっても塩基の割合が同じ。
③ どの生物でも，AとT，GとCの割合がそれぞれ等しい。
ことがわかる。

② X線回折像(1952年)

ウィルキンスとフランクリンは，X線を用いてDNAが**らせん構造**をもつことを示す写真を撮ることに成功した。

③ DNAの二重らせん構造モデルの提唱(1953年)

<u>ワトソン</u>と<u>クリック</u>は，シャルガフの規則とウィルキンスとフランクリンのX線回折像から，DNAが<u>二重らせん</u>構造であることを突き止めた。

CHART RNAの構造と，DNAの二重らせん構造 ─────

① **RNAの構造**：<u>1</u>本鎖。
② **DNAの構造**：<u>2</u>本のヌクレオチド鎖が平行に並び，互いの鎖間で**Aと<u>T</u>，Gと<u>C</u>**で相補的な塩基対を形成。分子全体として，2本のヌクレオチド鎖がねじれた二重らせん構造をとる。

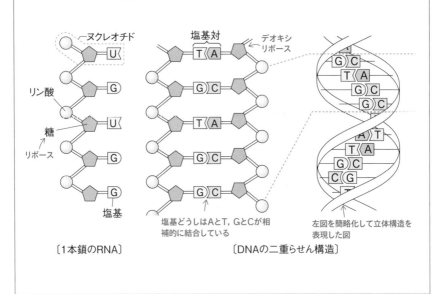

塩基どうしはAとT，GとCが相補的に結合している

左図を簡略化して立体構造を表現した図

〔1本鎖のRNA〕　〔DNAの二重らせん構造〕

PLUS **相補的な塩基対**
→ 2

① **水素結合**：DNA の２本のヌクレオチド鎖は，比較的弱い結合（水素結合）で結びついている。

② **水素結合の数**：ＡとＴの間で２か所，ＧとＣの間で３か所。そのため，安定な二重らせん構造をつくることができる。

2 水素結合は高温で切断されるが，ゆっくり常温に戻すと相補的な塩基対が回復する。そのため DNA はタンパク質と違い熱に安定である。

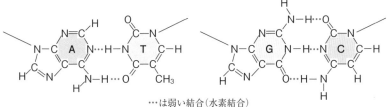

…は弱い結合（水素結合）

EXERCISE 14 ● DNA 分子の構造

　ワトソンとクリックは，ウィルキンスらの研究結果をもとに，DNA の構造モデルを提案した。このモデルに最も近いものを下図から一つ選べ。

① 　② 　③

④ 　⑤

（センター試験本試）

解答 ⑤

解説 リン酸と糖でできた鎖から突き出した塩基が，AとT，GとCの間で相補的に塩基対を形成している。

共通テストでは… 教科書に掲載されている図版については，知識や理解が問われる。

TECHNIQUE 塩基数の計算

シャルガフの規則（A：T＝G：C）は，2本鎖DNA[3]中に形成される相補的な塩基対に基づいている。つまり，**1本のヌクレオチド鎖中では成り立たない**。次の例題を考えてみよう。

[3] ふつう DNA というとき，2本鎖と考えてよい。

例題 ある2本鎖DNAでは，Aの割合が30％で，2本鎖のうちの一方の鎖（α鎖）中でAの割合が40％，Gの割合が30％であるとする。このとき，(1)2本鎖中でのCの割合（％），α鎖に相補的な鎖（β鎖）での(2)Cの割合（％）と(3)Aの割合（％）を求めよ。

数字ばかりでイメージしにくい場合は，図に描き出してみるとよい。

① まず，シャルガフの規則より，2本鎖中でA：T＝G：C（いずれも数の割合）なので，2本鎖中で，

Tの割合 ＝ Aの割合 ＝30％

$$G の割合 ＝ C の割合 ＝ \frac{100-30\times2}{2} = 50-30 = \mathbf{20(\%)} \quad \cdots(1)の答$$

α鎖 ┌─┬─┬─┬─┬─┬─┬─┬─┐ ╱╱ ┌─┬─┬─┐
　　　 T A C G ・・・ 　　・・
　　　 A T G C ・・・ 　　・・
β鎖 └─┴─┴─┴─┴─┴─┴─┴─┘ ╲╲ └─┴─┴─┘

2本鎖中で（シャルガフの規則の利用），
A＝30％ ──→ T＝30％
G＝C＝50−30＝20％

② 次に，α鎖中のGの割合が30％とわかっているので，α鎖とβ鎖の間での塩基の相補性より，

β鎖のCの割合 ＝**30(%)** …(2)の答

α鎖（1本鎖）中で，　　　塩基の相補性を利用　　　β鎖（1本鎖）中で，
　{ A＝40％　　　　　────────────→　　　{ T＝40％
　{ G＝30％　　　　　　　　　　　　　　　　{ C＝30％

③ 最後に，β鎖でのAの割合をx%とする。2本鎖中でAの割合が30%，α鎖中でAの割合が40%，β鎖中でのAの割合がx%なのだから，**α鎖とβ鎖それぞれのAの割合の平均値が30%になればよい。**したがって，

$$\frac{40+x}{2} = 30 \quad を解いて，x = \textbf{20(\%)} \quad \cdots(3)の答$$

④ なお，問われてはいないが，α鎖中のA＝40%からβ鎖中のT＝40%，α鎖中のG＝30%からβ鎖中のC＝30%，③からβ鎖中のA＝20%なので，β鎖全体（100%）中の残りの塩基の割合が，

$$\overset{\overset{A}{\downarrow}}{\ } \quad \overset{\overset{C}{\downarrow}}{\ } \quad \overset{\overset{T}{\downarrow}}{\ }$$

β鎖中のGの割合＝$100 - (20 + 30 + 40) = 10 (\%)$である。β鎖中のA，T，G，Cの各割合がわかったので，2本鎖間の塩基の相補性より，α鎖中のT，A，C，Gの各割合もわかる。このようにして，すべての塩基の割合が求められる。

	T	A	C	G
α鎖	20%	40%	10%	30%
β鎖	20%	40%	10%	30%
	A	T	G	C

EXERCISE 15 ● DNAの塩基組成

　ある生物に由来する2本鎖DNAを調べたところ，2本鎖DNAの全塩基数の30%がアデニンであった。この2本鎖DNAの一方の鎖をX鎖，もう一方の鎖をY鎖としてさらに調べたところ，X鎖DNAの全塩基数の18%がシトシンであった。このとき，Y鎖DNAの全塩基数におけるシトシンの数の占める割合（%）として最も適当な数値を，次から一つ選べ。

① 12　　② 14　　③ 18　　④ 20　　⑤ 22

⑥ 30　　⑦ 36　　⑧ 52　　⑨ 60

（センター試験追試）

......

解答 ⑤

解説　2本鎖中で，A＝T＝30%，C＝G＝$\dfrac{100 - 30 \times 2}{2} = 20\%$　である。

　2本鎖中でCの割合が20%，X鎖中でCの割合が18%で，Y鎖中でのCの割合をx%とすると，

$$\frac{18+x}{2} = 20 \quad が成り立つので，これを解いて，$$

$$x = 22 (\%) \quad である。$$

DNA の抽出実験の材料としては，細胞大きさあたりの DNA 含量が高いものが向いている。ブロッコリーの花芽・タラの精巣など。

DNA 抽出実験の手順

① **DNA の抽出**：試料を乳鉢ですりつぶし，食塩水と台所用洗剤を加えてよく混ぜる。

➡ **台所用洗剤で細胞膜などを破壊し，DNA を食塩水に溶解**させる。

② **DNA の遊離**：タンパク質分解酵素で処理したり，100℃
程度で湯せんしたりすることもある。

➡ DNA が核内で結合しているタンパク質[4]を破壊することが目的。DNA を食塩水に効率的に溶解できる。

[4]真核細胞では，DNA は球状タンパク質（ヒストン）に巻き付いている。

③ **DNA の析出**：ガーゼなどでろ過し，冷やしたエタノールを注ぎ入れる。

➡ **繊維状の DNA が析出**し，ガラス棒などで絡め取ることができる。

CHART DNA 抽出実験の手順 ─

① 細胞膜などを破壊した上で DNA を遊離。
② DNA を食塩水に溶解。
③ 冷やしたエタノールを加えて DNA を析出。

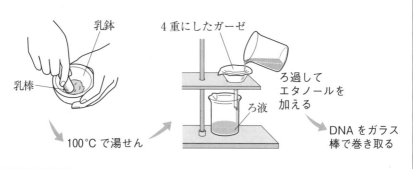

乳鉢
4 重にしたガーゼ
乳棒
ろ過して
エタノールを
加える
ろ液
DNA をガラス棒で巻き取る
100℃ で湯せん

POINT 4 肺炎双球菌（肺炎球菌）の形質転換

肺炎双球菌には，病原性のある S 型菌と，病原性のない R 型菌がある。グリフィスはネズミを用いた実験を行い，形質転換という現象を発見した（1928年）。

エイブリーは培地を用いた実験を行い，形質転換を引き起こす因子が DNA であることを解明した（1944年）[5]。

[5]当時，遺伝物質（遺伝子の本体）としては，比較的単純な物質である DNA よりも，複雑な構造をもつタンパク質が有力視されていた。

グリフィスの実験

① 加熱殺菌したＳ型菌をマウスに注射 →[6]

  ➡ マウスは発病しない。

② 生きたＲ型菌＋加熱殺菌したＳ型菌をマウスに注射

  ➡ マウスは肺炎を起こして死に，生きたＳ型菌を検出

結論：Ｓ型菌に含まれる物質が，Ｒ型菌をＳ型の形質に変化させた（形質転換）。→[7]

[6] 加熱殺菌したＳ型菌単独では病原性を示さない（②に対する対照実験）。

[7] Ｒ型菌がＳ型菌由来の物質を取り込んで起こる。

エイブリーの実験

① Ｓ型菌抽出液をＲ型菌に混ぜて培養

  ➡ Ｓ型菌が出現（形質転換）し，Ｓ型菌の形質を保持して増殖。

② Ｓ型菌抽出液＋タンパク質分解酵素をＲ型菌に混ぜて培養。

  ➡ Ｓ型菌が出現（①と同じく形質転換が起こる）。

③ Ｓ型菌抽出液＋DNA 分解酵素をＲ型菌に混ぜて培養

  ➡ Ｓ型菌は出現しない（①と異なり形質転換が起こらない）。

結論：形質転換を引き起こす因子が DNA であることを解明。

EXERCISE 16 ●肺炎双球菌の実験

　核酸は，1870年頃にミーシャーによりヒトの膿から発見された。この核酸が遺伝子の本体であることは，その発見から半世紀以上を経て，グリフィスやエイブリーによる肺炎双球菌を用いた研究で明らかになった。肺炎双球菌には，ネズミやヒトで肺炎を引き起こす病原性のＳ型菌と，非病原性のＲ型菌とがある。グリフィスが行った実験にならって以下の実験1〜4を行った。

実験1　Ｓ型菌をネズミに注射するとネズミは肺炎を起こしたが，Ｒ型菌を注射した場合は肺炎を起こさなかった。

実験2　加熱殺菌したＳ型菌をネズミに注射しても，肺炎を起こさなかった。

実験3　加熱殺菌したＳ型菌と生きたＲ型菌を混ぜて注射すると，肺炎を起こすネズミが現れた。このネズミから，生きたＳ型菌が検出された。

実験4　実験3で得られたＳ型菌を数世代培養した後にネズミに注射すると，肺炎を起こした。

問 1　実験1〜4の結果から考察される，Ｓ型菌の形質を決定する物質の性質として**誤っているもの**を，次から一つ選べ。

① Ｒ型菌に移りその形質を変化させる。

 ② 熱に対して比較的安定である。

 ③ 加熱によりR型菌の形質を決める物質に変化する。

 ④ 遺伝に関係する。

問2 実験1～4の結果を踏まえた上で，菌の形質を決定する物質を特定する際に決め手となる実験として最も適当なものを，次から一つ選べ。

 ① S型菌から抽出した物質の構成成分を定量し，その主成分を決める。

 ② S型菌から抽出したDNAを用いて形質転換実験を行う。

 ③ S型菌から抽出した多糖類(菌体の表面を構成する物質)を用いて形質転換実験を行う。

 ④ S型菌から抽出した脂質を用いて形質転換実験を行う。

 ⑤ S型菌から抽出した物質にタンパク質分解酵素をはたらかせた後，形質転換実験を行う。

 ⑥ S型菌から抽出したタンパク質を用いて形質転換実験を行う。

(センター試験追試)

解答 **問1** ③ **問2** ②

解説 熱に安定なDNAが形質転換因子(遺伝物質)としてはたらき，R型菌をS型菌に変化させた。

問2 ⑤ S型菌から抽出した物質には，タンパク質とDNAの他に多糖類や脂質も含まれる。そのため，タンパク質を分解しても，DNA以外の物質が菌の形質を決定している可能性を否定できない。

共通テストでは… 単純な知識の暗記ではなく，実験の目的や実験結果から導かれる結論などについての理解が問われるので，気をつけよう。

POINT **5** バクテリオファージの遺伝子

① **バクテリオファージ(T₂ファージ)**：T₂ファージは大腸菌に感染して増殖するウイルスの一種で，<u>タンパク質</u>の殻と，その中の<u>DNA</u>のみでできている。

② 大腸菌に感染すると，遺伝物質のみを大腸菌内に注入し，それをもとに大腸菌内で多数の子ファージが組み立てられる。T₂ファージを大腸菌に感染させて遠心分離すると，T₂ファージに比べて大形の大腸菌は<u>沈殿</u>から検出される。

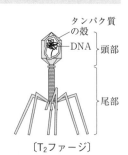

〔T₂ファージ〕

③ **ハーシーとチェイスの実験**[8]：ハーシーとチェイスは，T₂ファージと大腸菌を用いて，DNA が遺伝子であることを証明した（1952年）。

ハーシーとチェイスの実験

① タンパク質に目印[9]をつけたファージを大腸菌に感染させ，遠心分離

➡ 目印は上澄みから検出された。

② DNA に目印[9]をつけたファージを大腸菌に感染させ，遠心分離

➡ 目印は沈殿から検出され[10]，さらに沈殿中の大腸菌から多数の子ファージが現れた。

結論：大腸菌内に挿入された遺伝物質は DNA である。

[8] エイブリーの実験結果は，DNA が遺伝物質（遺伝子）である可能性をよく示す。しかし，ハーシーとチェイスの行った実験のほうが，DNA が遺伝子であることをより直接的に証明できている。

[9] タンパク質には S（硫黄），DNA には P（リン）が，それぞれ特徴的に含まれる。目印には，放射線を発する S や P（放射性同位元素）が利用された。

[10] すべての目印が菌体内に入るわけではない。

CHART　ハーシーとチェイスの実験

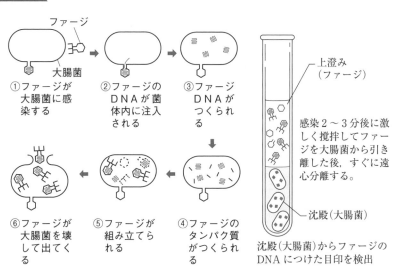

① ファージが大腸菌に感染する
② ファージの DNA が菌体内に注入される
③ ファージ DNA がつくられる
④ ファージのタンパク質がつくられる
⑤ ファージが組み立てられる
⑥ ファージが大腸菌を壊して出てくる

上澄み（ファージ）

感染 2〜3 分後に激しく撹拌してファージを大腸菌から引き離した後，すぐに遠心分離する。

沈殿（大腸菌）

沈殿（大腸菌）からファージの DNA につけた目印を検出

① **撹拌**：大腸菌と，菌体外に残されたものを引き離す。

② **遠心分離**：大きな大腸菌は沈殿し，菌体外に残されたファージの一部は小型のため上澄み（上清）に入る。

③ **遺伝子の本体**：菌体外に残されたタンパク質でなく，菌体内に注入された DNA が遺伝子の本体である。

EXERCISE 17 ●ファージの実験

　バクテリオファージ（ファージ）は，DNA（デオキシリボ核酸）とタンパク質で構成されている。ファージと大腸菌を用いて次の**実験1・実験2**を行った。

実験1　ファージのDNAを物質X，ファージのタンパク質を物質Yで，それぞれ後で区別できるように目印をつけた。このファージを，培養液中の大腸菌に感染させた。5分後に激しく撹拌して大腸菌に付着したファージをはずした後，遠心分離して大腸菌を沈殿させた。沈殿した大腸菌を調べたところ，物質Xが検出されたが，物質Yはほとんど検出されなかった。また，上澄みを調べたところ，物質X，物質Yのどちらも検出された。

実験2　実験1で沈殿した大腸菌を，新しい培養液中で撹拌し培養したところ，3時間後にすべての大腸菌の菌体が壊れた。その後に，培養液を遠心分離して，壊れた大腸菌を沈殿させ，上澄みを調べたところ，ファージは実験1で最初に感染に用いた数の数千倍になっていた。

問　実験1・実験2の結果に関連する考察として適当なものを，次から二つ選べ。

① ファージのタンパク質とファージのDNAは，かたく結びついて離れない。

② ファージのDNAは，感染後5分以内に大腸菌内に入る。

③ ファージのDNAは，大腸菌の表面で増える。

④ ファージのタンパク質は，大腸菌が増えるために必須である。

⑤ ファージのタンパク質は，大腸菌の中でつくられる。

⑥ 実験2で得られた上澄みをそのまま培養すると，ファージが増え続け，3時間後には，さらに数千倍になる。

（センター試験本試・改）

解答 ②，⑤

解説 実験1で上澄みから物質XとYのいずれもが検出されたことは，すべてのファージが大腸菌に自らのDNAを注入できたわけではないことを示す。実験1で大腸菌体内に入ったDNAをもとに，実験2ではファージのタンパク質などがつくられた。

⑥ ファージ単独では増殖できない。

遺伝学の研究史

① 1865年　メンデル(現在のチェコ)：遺伝の法則を発見。

② 1869年　ミーシャー(スイス)：DNA を発見。

③ 1903〜1926年：遺伝子が染色体上に存在することが判明。

④ 1928年　グリフィス(イギリス)：形質転換を発見。

⑤ 1944年　エイブリー(アメリカ)：形質転換因子が DNA であることを証明。

⑥ 1949年　シャルガフ(アメリカ)：シャルガフの規則を発見。

⑦ 1952年　ハーシーとチェイス(アメリカ)：遺伝子の本体が DNA であることを証明。

⑧ 1952年　ウィルキンスとフランクリン(イギリス)：DNA がらせん状構造の分子であることを確認。

⑨ 1953年　ワトソン(アメリカ)とクリック(イギリス)：DNA の二重らせんモデルを提唱。

※ DNA が遺伝子の本体として認識されることで，DNA の構造の研究などがよく進むようになった。

 SUMMARY & CHECK

① DNA と RNA は，いずれも多数の<u>ヌクレオチド</u>が連なった鎖状の分子である。

② ヌクレオチドは，<u>塩基</u>・<u>糖</u>・<u>リン酸</u>から構成され，ヌクレオチドどうしは<u>糖</u>と<u>リン酸</u>の間で結合する。

③ DNA を構成するヌクレオチドは，糖は<u>デオキシリボース</u>，塩基はアデニン(A)，<u>チミン(T)</u>，グアニン(G)，シトシン(C)のいずれかである。

④ RNA を構成するヌクレオチドは，糖は<u>リボース</u>，塩基はアデニン，<u>ウラシル(U)</u>，グアニン，シトシンのいずれかである。

⑤ DNA を構成する 2 本のヌクレオチド鎖は，<u>A</u>と T，<u>G</u>と C の間で相補的な<u>塩基対</u>を形成する。

⑥ DNA は，細菌の<u>形質転換</u>を引き起こし，<u>遺伝子</u>の本体としてはたらく物質である。

8 遺伝情報の発現
Expression of genetic information

🏛 **GUIDANCE** 　生物のからだを構成したり，酵素として代謝を担ったりするタンパク質は，DNA の遺伝情報に基づいて合成される。DNA の塩基配列として保持される遺伝子がはたらいてタンパク質がつくられ，生物の形質が決定されるまでの過程を学んでいこう。

POINT 1 　セントラルドグマ

① **転写**：DNA の塩基配列の一部[1]を，RNA の塩基配列に写し取る過程を転写という。

② **翻訳**：①でつくられた RNA の塩基配列によって，タンパク質のアミノ酸配列が決定される過程を翻訳という。

③ **セントラルドグマ**：**遺伝情報が「DNA → RNA → タンパク質」の順に一方向に流れる**という原則を，セントラルドグマという。

〔セントラルドグマ〕

④ **遺伝子発現**：DNA の遺伝情報をもとにタンパク質が合成される[2]ことを，遺伝子が発現するという。

[1] DNA の全領域が RNA に転写されるわけではない。

[2] 生物体には，炭水化物（糖）や脂質なども多く含まれるが，遺伝子によって直接的に合成される物質はタンパク質である。

POINT 2 　転　写

① **転写の始まり**：DNA の 2 本鎖の**一部がほどけて，一方を構成するヌクレオチド鎖[3]**の塩基配列に相補的な塩基を含む RNA のヌクレオチドが結合する。

② **塩基の対応**：DNA 中の A，T，G，C には，RNA の U，A，C，G がそれぞれ対応する。

③ **ヌクレオチドの結合**：隣り合うヌクレオチドどうしが結合し，1 本鎖の RNA ができる。

[3] 転写の鋳型になるのは，向かい合う 2 本鎖 DNA のうちの片側である。ただし，同じ DNA 上の他の遺伝子では，非鋳型鎖であった方の鎖が転写の鋳型鎖として用いられることもある。

CHART 転写の過程

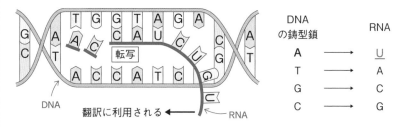

DNA の鋳型鎖		RNA
A	→	U
T	→	A
G	→	C
C	→	G

DNA
転写
翻訳に利用される ← RNA

DNA の一方の鎖の塩基配列が, RNA の塩基配列へと転写される。

EXERCISE 18 ● DNA と RNA

右図のように DNA の二重らせんの片方の鎖の塩基の並びが「ATGTA」のとき, この配列に相補的な「DNA の塩基配列」

ATGTA
□□□□□ 相補的な塩基配列

と「ATGTA」の塩基の並びをもとにつくられる「RNA の塩基配列」として最も適当なものを, 次からそれぞれ一つずつ選べ。ただし, 同じものを繰り返し選んでもよい。

① AUGUA   ② UACAU   ③ GCUCG

④ UGAGU   ⑤ ATGTA   ⑥ TACAT

⑦ GCTCG   ⑧ TAUAT   ⑨ CGAGC

(センター試験本試・改)

解答 DNA の塩基配列 − ⑥　RNA の塩基配列 − ②

解説 非鋳型鎖の塩基配列の T を U にかえたものが, RNA の塩基配列となる。

POINT 3 翻　訳

① **アミノ酸の指定**：転写された RNA は mRNA（メッセンジャー RNA, 伝令 RNA）と呼ばれ, タンパク質を構成するアミノ酸の種類や配列を決定する。mRNA 上の3つの塩基の配列で, 1個のアミノ酸を指定する。

⑷ ヒトなどの動物の場合, 食物として取り入れたタンパク質を消化管内で分解してアミノ酸を得る。

② **コドンとアンチコドン**：mRNA の３つ組の塩基(<u>コドン</u>)には，コドンと相補的に結合する３つ組塩基(<u>アンチコドン</u>)をもつ <u>tRNA</u>(トランスファーRNA，転移 RNA，運搬 RNA)によって，特定のアミノ酸が運び込まれる。

③ **アミノ酸の結合**：mRNA の指定に基づいてアミノ酸が配列され，配列された隣り合うアミノ酸どうしが結合して，タンパク質となる。
→⑤

⑤体外から取り入れたタンパク質をそのまま自らの体を構成するタンパク質にすることはない。

CHART 翻訳の過程

mRNA の３個の塩基 ⟶ タンパク質中のアミノ酸１個を指定する。

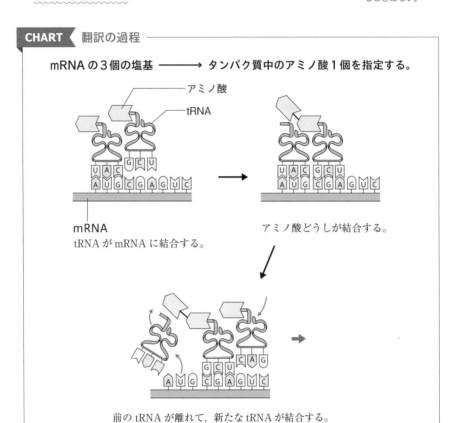

tRNA が mRNA に結合する。

アミノ酸どうしが結合する。

前の tRNA が離れて，新たな tRNA が結合する。

EXERCISE 19 ●遺伝子の発現

遺伝子発現に関連する次の文中の空欄に入る語句として最も適当なものを，後の①〜⑦からそれぞれ一つずつ選べ。

細胞内でタンパク質が合成されるときには， ア の塩基配列が イ に写し取られる。 イ はヌクレオチドがつながったものであり，

ウ である。次に， イ の塩基配列に従ってタンパク質が合成される。後者の過程を エ という。

① DNA　　② mRNA　　③ 2本鎖　　④ 1本鎖
⑤ 複製　　⑥ 転写　　⑦ 翻訳　　　（センター試験追試・改）

解答 ア-①　イ-②　ウ-④　エ-⑦

解説 複製とは，細胞分裂の際に同じ塩基配列をもつDNAがつくられること。

POINT 4 遺伝暗号表

mRNAのコドンとアミノ酸との対応関係を示した表を，遺伝暗号表という。

① **アミノ酸とコドンの対応**：タンパク質を構成するアミノ酸は20種類だが，4種類の塩基3つからなるコドンは，$4^3=64$通りある。

② **コドンの重複**：1種類のアミノ酸に対し，複数のコドンが対応することが多い。

➡ 3つ目の塩基を変えても，同一のアミノ酸を指定する傾向がある。

③ **開始コドン・終止コドン**：翻訳の開始を指示する開始コドン（メチオニンを指定するコドンでもある），翻訳の終結を意味する終止コドンもある。生物の種類を問わず，ほとんどの生物でコドンとアミノ酸の関係は共通している。

6 終止コドンはアミノ酸を指定せず，その手前のコドンが指定するアミノ酸までで翻訳は終了する。

〔遺伝暗号表〕
コドンの2番目の塩基

		U		C		A		G		
U	UUU	フェニルアラニン	UCU	セリン	UAU	チロシン	UGU	システイン	U
	UUC		UCC		UAC		UGC		C
	UUA	ロイシン	UCA		UAA	終止コドン	UGA	終止コドン	A
	UUG		UCG		UAG		UGG	トリプトファン	G
C	CUU	ロイシン	CCU	プロリン	CAU	ヒスチジン	CGU	アルギニン	U
	CUC		CCC		CAC		CGC		C
	CUA		CCA		CAA	グルタミン	CGA		A
	CUG		CCG		CAG		CGG		G
A	AUU	イソロイシン	ACU	トレオニン	AAU	アスパラギン	AGU	セリン	U
	AUC		ACC		AAC		AGC		C
	AUA		ACA		AAA	リシン	AGA	アルギニン	A
	AUG	メチオニン(開始コドン)	ACG		AAG		AGG		G
G	GUU	バリン	GCU	アラニン	GAU	アスパラギン酸	GGU	グリシン	U
	GUC		GCC		GAC		GGC		C
	GUA		GCA		GAA	グルタミン酸	GGA		A
	GUG		GCG		GAG		GGG		G

コドンの1番目の塩基 / コドンの3番目の塩基

遺伝子発現の詳しいしくみ

(1) スプライシング

① **エキソンとイントロン**：真核生物の遺伝子（DNA）の塩基配列には，アミノ酸配列を指定して mRNA に残る部分（エキソン）と，アミノ酸配列を指定せず転写後に取り除かれる部分（イントロン）があり，いずれもまとめて **RNA（mRNA 前駆体）** に転写される。

② **イントロンの切除**：核内で，mRNA 前駆体から**イントロンの部分を取り除いてエキソンの部分をつなぎ合わせ，成熟したmRNA になる（スプライシング）。**

③ **翻訳**：完成した mRNA は核膜孔から細胞質へ出て，リボソームという細胞小器官に移動して翻訳に利用される。

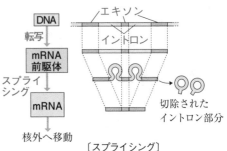

〔スプライシング〕

(2) 詳細な翻訳のしくみ

① **翻訳の場**：真核細胞では翻訳は細胞質で起こる。mRNA の一端にリボソームが付着し，ここで翻訳が進行する。

② **アミノ酸の結合**：mRNA に付着したリボソームのはたらきで，アミノ酸どうしがペプチド結合により結びつく。リボソームの移動に伴って，先にアミノ酸を運び込んでいた tRNA が離れ，新たな tRNA がアミノ酸をリボソームに運び込む。それを繰り返してアミノ酸の鎖（ポリペプチド）が伸びていく。

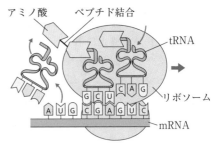

リボソームがコドン1個分移動し，前の tRNA が離れて新たな tRNA が結合する。

〔詳細な翻訳のしくみ〕

 アミノ酸・タンパク質

(1) アミノ酸

① **アミノ酸の構造**：タンパク質を構成するアミノ酸は，共通した構造をもち，側鎖だけが異なる。

② **アミノ酸の種類**：タンパク質を構成するアミノ酸の側鎖は20種類あるため，**アミノ酸も20種類**存在することになる。

〔アミノ酸の構造〕

(2) タンパク質

① **アミノ酸の結合**：アミノ酸はペプチド結合で連なり，多数のアミノ酸が連なったポリペプチドとなる。

② **タンパク質の構造**：それぞれの**ポリペプチド(一次構造)**は，アミノ酸の種類と配列によって，狭い範囲でら**せん状の構造**やジグザグに**折れ曲がったシート状の構造(二次構造)**をとり，さらにそれらが組み合わされて異なる折りたたまれ方や配置をした**非常に多様な立体構造(三次構造)**をもつタンパク質になる。

③ **タンパク質の機能**：タンパク質ごとの立体構造が違うため，酵素などのそれぞれのタンパク質のはたらきが異なる。複数のポリペプチドが組み合わされる場合もある(**四次構造**。ヘモグロビンはその例)。ヒトの場合，約10万種類のタンパク質が存在する。

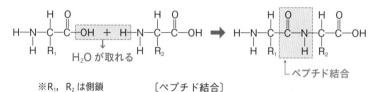

※R₁, R₂は側鎖　　〔ペプチド結合〕

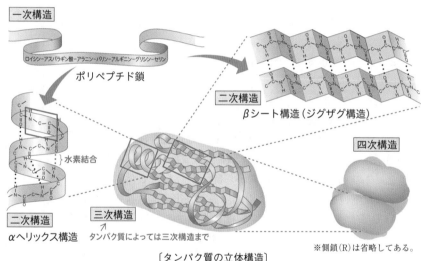

〔タンパク質の立体構造〕

遺伝子の突然変異

PLUS

① **突然変異**：DNA の塩基配列が変化してアミノ酸配列が変わり，タンパク質の機能が変化することがある。

② **鎌状赤血球貧血症**：DNA 上の 1 個の塩基対が置き変わることでヘモグロビンのアミノ酸が 1 か所変化し，ヘモグロビンの機能が低下して貧血を呈する。

③ **個人差**：あるヒトのもつ塩基配列を同性の他人と比較すると0.1% 程度の違いがある。その多くは塩基 1 つのみに違いがある一塩基多型(SNP：スニップ)である。病気に罹りやすい，薬が効きにくいなどの個人差も，このような SNP に起因すると考えられる。

ある生物Xの遺伝子Yについて，一方の鎖の塩基配列を調べたところ，遺伝子の始まりの部分は以下のようであった。

TCCCGGCAATGGGCCAA<u>G</u>AGGAT…

なお，解答にあたっては，右表を利用すること。

問1 遺伝子Yから転写されて完成したmRNAの塩基配列は，以下のようになった。空欄に入る塩基として最も適当なものを，後の①〜⑤からそれぞれ一つずつ選べ。ただし，同じものを繰り返し選んでもよい。

〔mRNAの遺伝暗号表〕

第1塩基	第2塩基				第3塩基
	U	C	A	G	
U	フェニルアラニン	セリン	チロシン	システイン	U C
U	ロイシン	セリン	（終止）	（終止）／トリプトファン	A G
C	ロイシン	プロリン	ヒスチジン	アルギニン	U C
C	ロイシン	プロリン	グルタミン	アルギニン	A G
A	イソロイシン	トレオニン	アスパラギン	セリン	U C
A	メチオニン（開始）	トレオニン	リシン	アルギニン	A G
G	バリン	アラニン	アスパラギン酸	グリシン	U C
G	バリン	アラニン	グルタミン酸	グリシン	A G

[ア] C C C G G C [イ] A [ウ] G G G C C A A [エ] A G G A [オ] …

① A ② T ③ G ④ C ⑤ U

問2 このmRNAを元に左側から翻訳が行われて合成されるポリペプチドは以下のようになった。なお，最初に出現するメチオニンに対応するAUGが翻訳開始点となる。空欄に入るアミノ酸として最も適当なものを，後の①〜⑥からそれぞれ一つずつ選べ。

（メチオニン）−（ カ ）−（ キ ）−（ ク ）−（ ケ ）

① メチオニン ② グリシン ③ アスパラギン
④ アスパラギン酸 ⑤ グルタミン ⑥ グルタミン酸

問3 ある個体の遺伝子Yの塩基配列は，＿の部分がGからTに変化していた（遺伝子Y′）。遺伝子Y′からの翻訳産物に関する記述として，最も適当なものを次から一つ選べ。

① 翻訳が開始されない。
② 遺伝子Yと同じアミノ酸配列である。
③ 遺伝子Yよりも多くのアミノ酸が結合する可能性が高い。
④ 翻訳産物に最後に結合するアミノ酸はグルタミンである。

⑤ 翻訳産物に最後に結合するアミノ酸はグルタミン酸である。

解答 **問1** ア-⑤ イ-① ウ-⑤ エ-③ オ-⑤

問2 カ-② キ-⑤ ク-⑥ ケ-④ **問3** ④

解説 **問1** 与えられた塩基配列が一方の鎖のものなので，これに相補的な鎖の塩基配列を補ってみると次のようになる。

T CCCGGC A A T GGGCCAA G AGGA T …←与えられた塩基配列(非鋳型鎖)

A GGGCCG T T A CCCGGTT C TCCT A …←補った塩基配列(鋳型鎖)

アCCCGGC イAウGGGCCAA エAGGA オ…← mRNA

U　　　A　U　　　　　G　　　U　　←解答

　完成した mRNA の塩基配列から考えて，与えられた塩基配列は非鋳型鎖であると判断できる。**非鋳型鎖の塩基配列の T を U に変えたものが mRNA の塩基配列であることに気がつけると速い。**

問2 左側から見て，最初に出現するメチオニンに対応する AUG が翻訳開始点であるため，そこから3塩基ずつ区切っていき，遺伝暗号表と突き合わせる。

U C C C G G C A | A U G | G G C | C A A | G A G | G A U・・・

（メチオニン） グリシン　グルタミン グルタミン酸 アスパラギン酸

問3 遺伝子 Y′ では，塩基配列の‗の部分が G から T に変化しているため，終止コドンが出現する。そのため，最後に CAA のコドンで指定されるグルタミンが結合した，元よりも少ない3個のアミノ酸から構成される翻訳産物となる。

U C C C G G C A | A U G | G G C | C A A | U̲A G | G A U…

（メチオニン） グリシン　グルタミン　　終止

TECHNIQUE　　遺伝暗号の解読

① mRNA 上のアミノ酸を指定する遺伝暗号の単位としてコドンというものがまず考えられた。しかし，mRNA を構成する塩基はA・U・C・Gの4種類「しか」ないのに対して，タンパク質を構成するアミノ酸は20種類「も」ある。

② 1個の塩基で1種類のアミノ酸を指定していると考えると，遺伝暗号としてとても足りない。では，2個の塩基ではどうだろうか？　4種類の塩基でつくることができる2個の塩基の並び方は，$4^2=16<20$ で，まだ不足する。

③ 3個の塩基(トリプレット)で指定するならば，$4^3=64>20$ で十分な余剰がある。実際には，この余剰分は，異なるコドンで同一のアミノ酸を指定したり，翻訳の終結を意味する終止コドンとして使われたりする。

EXERCISE 21 ●遺伝暗号の解読

　mRNA の３つの塩基の並び方（コドン）に従って，タンパク質のアミノ酸配列が決まる。このとき，特定の３つの塩基の並び方は，１種類のアミノ酸を指定する。例えば，UGU の塩基の並び方はシステインというアミノ酸を，GUG の塩基の並び方はバリンというアミノ酸を，それぞれ指定する。

問 1　次の文中の空欄に入る数値として最も適当なものを，後の①〜⑧からそれぞれ一つずつ選べ。ただし，同じものを繰り返し選んでもよい。

　mRNA の塩基配列がアミノ酸を指定するしくみを調べるために，人工的に合成した RNA からタンパク質を試験管内で翻訳させる実験が行われた。例えば，UGUGUGUGU…のように，UG が繰り返した塩基配列のみで構成される RNA から翻訳された１つのタンパク質分子は，どの塩基から翻訳が開始されたとしても，　ア　種類のアミノ酸が繰り返された配列となった。また，UGCUGCUGC…のように，UGC が繰り返した塩基配列のみで構成される RNA から翻訳された１つのタンパク質分子は，どの塩基から翻訳が開始されたとしても，　イ　種類のアミノ酸が繰り返された配列となった。このような実験を他の塩基配列についても行うことによって，３つの塩基の並び方で１つのアミノ酸を指定することが証明された。

① 1　　② 2　　③ 3　　④ 4
⑤ 6　　⑥ 8　　⑦ 9　　⑧ 12

問 2　次の文中の空欄に入る数値として最も適当なものを，後の①〜⑦からそれぞれ一つずつ選べ。ただし，同じものを繰り返し選んでもよい。

　例えば，UGG というコドンはトリプトファンというアミノ酸を指定し，UCX（X は A，C，G，または U を表す）および AGY（Y は U または C を表す）はいずれもセリンというアミノ酸を指定する。塩基配列に偏りがないと仮定すると，任意のコドンがトリプトファンを指定する確率は　ウ　分の１であり，セリンを指定する確率はトリプトファンを指定する確率の　エ　倍と推定される。

① 4　　② 6　　③ 8　　④ 16
⑤ 20　　⑥ 32　　⑦ 64

（センター試験追試・改）

解答　**問1**　ア-②　イ-①　　**問2**　ウ-⑦　エ-②

解説　**問1**　ア．どの塩基から翻訳が開始されたとしても，UGUGUGUG…の
配列からは，UGU|GUG|UGU|GUG…のように2通りのコドンが交互に出
現する。その結果，2種類のアミノ酸が交互に並ぶタンパク質分子ができ
る。

イ．UGCUGCUGC…の配列からは，UGC|UGC|UGC…，GCU|GCU|GCU…，
CUG|CUG|CUG…のように，全く同じコドンが繰り返し出現することにな
り，いずれも1種類のアミノ酸だけが連なることになる。

問2　ウ．4種類の塩基はそれぞれ1/4の確率で存在するから，トリプトファ
ンのコドンであるUGGの出現する確率は，

$$\underset{\substack{\uparrow \\ \text{Uの確率}}}{\frac{1}{4}} \times \underset{\substack{\uparrow \\ \text{Gの確率}}}{\frac{1}{4}} \times \underset{\substack{\uparrow \\ \text{Gの確率}}}{\frac{1}{4}} = \frac{1}{64}$$

となる。

エ．セリンのコドンは，$\underset{\substack{\uparrow \\ \text{A・C・G・Uのいずれか}}}{\text{UC}\textbf{X}}$　および　$\underset{\substack{\uparrow \\ \text{U・Cのいずれか}}}{\text{AG}\textbf{Y}}$　である。

ある任意のコドンがUCXとなる確率は，

$$\underset{\substack{\uparrow \\ \text{Uの確率}}}{\frac{1}{4}} \times \underset{\substack{\uparrow \\ \text{Cの確率}}}{\frac{1}{4}} \times \underset{\substack{\uparrow \\ \text{A, C, G, Uいずれでもよい}}}{\frac{4}{4}} = \frac{4}{64} \quad \cdots ①$$

また，ある任意のコドンがAGYとなる確率は，

$$\underset{\substack{\uparrow \\ \text{Aの確率}}}{\frac{1}{4}} \times \underset{\substack{\uparrow \\ \text{Gの確率}}}{\frac{1}{4}} \times \underset{\substack{\uparrow \\ \text{U, Cのいずれか}}}{\frac{2}{4}} = \frac{2}{64} \quad \cdots ②$$

なので，セリンを指定する確率は①＋②となり，

$$\frac{4}{64} + \frac{2}{64} = \frac{6}{64}$$

である。問われているのは，「セリンを指定する確率はトリプトファンを指
定する確率の何倍か」なので，

$$\frac{6}{64} \div \frac{1}{64} = 6（倍）$$

が求める答えである。

共通テストでは…　目にしたことがないような計算が出題されることがある。必
ず問題文中にヒントがあるので，落ち着いて対処していこう。

① **遺伝子**：遺伝子（次の EXERCISE 22 では翻訳領域と表現されている）とは，2本鎖 DNA の塩基配列のうち，転写される領域のことをいう。転写開始点と転写終了点に挟まれた部分で，（イントロンなどを無視すれば）アミノ酸配列の情報をもつ部分ともいえる。

② **ヌクレオチドや塩基の数**：DNA は2本のヌクレオチド鎖からなることに気をつける。1個のヌクレオチドには1個の塩基が含まれる。

③ DNA の塩基配列のすべてが**遺伝子**としてアミノ酸を指定しているわけではなく，**遺伝子**は DNA 中にとびとびに存在する。

EXERCISE 22 ●塩基対数やヌクレオチド数の計算

次の文中の空欄に入る数値の組合せとして最も適当なものを，後の①～⓪からそれぞれ一つずつ選べ。

遺伝情報を担う物質として，どの生物も DNA をもっている。DNA は遺伝子の本体であり，ヒトの場合は約2万個の遺伝子をもつ。また，DNA の塩基配列の上では，「遺伝子としてはたらく部分」と「遺伝子としてはたらかない部分」とからなっている。

ヒト精子のもつ DNA は約30億塩基対からなっている。このうちタンパク質のアミノ酸配列を指定する部分（以後，翻訳領域と呼ぶ）は，DNA 全体のわずか1.5％程度と推定されているので，ヒト精子の DNA 中の個々の遺伝子の翻訳領域の長さは，平均して約 ア 塩基対だと考えられ，このなかには約 イ 個のヌクレオチドが含まれている。また，ゲノム中では平均して約 ウ 塩基対ごとに1つの遺伝子（翻訳領域）があることになり，全 DNA 上では遺伝子としてはたらく部分はとびとびにしか存在していないことになる。

① 2千　② 4千　③ 8千　④ 2万　⑤ 4万
⑥ 8万　⑦ 15万　⑧ 28万　⑨ 150万　⓪ 280万

（センター試験本試・改）

解答 ア–①　イ–②　ウ–⑦

解説 ア．ヒト精子中の DNA のうち，翻訳領域の塩基対数は，

$$3.0 \times 10^9 (\text{塩基対}) \times \frac{1.5}{100} = 4.5 \times 10^7 (\text{塩基対})$$

と計算できる。このなかに約 2 万個の遺伝子をもつのだから，1 個の遺伝子
当たりの翻訳領域の長さは，

$$\frac{4.5 \times 10^7 (\text{塩基対})}{2.0 \times 10^4 (\text{遺伝子})} = 2.25 \times 10^3 \rightarrow \text{約} 2.0 \times 10^3 (\text{塩基対/遺伝子})$$

とわかる。

イ．2.0×10^3 塩基対は，$2.0 \times 10^3 \times 2 = 4.0 \times 10^3$ 塩基から構成される。

4.0×10^3 塩基を含むヌクレオチドは，4.0×10^3 個である。

ウ．全 DNA の30億塩基対のなかに 2 万個の遺伝子が存在するのだから，

$$\frac{3.0 \times 10^9 (\text{塩基対})}{2.0 \times 10^4 (\text{遺伝子})} = 1.5 \times 10^5 (\text{塩基対/遺伝子})$$

すなわち，全 DNA 中では，約15万塩基対ごとに 1 個の遺伝子が存在するこ
とになる。

TECHNIQUE　塩基数やアミノ酸数の計算

① **鎖の本数**：RNA は 1 本のヌクレオチド鎖 ⇔ DNA は 2 本のヌクレオチド鎖
② **RNA の塩基とアミノ酸の対応**：3 個の塩基で 1 個のアミノ酸を指定する。

EXERCISE 23 ●塩基数やアミノ酸数の計算

　次の文中の空欄に入る数値として最も適当なものを，後の①〜⑧からそ
れぞれ一つずつ選べ。ただし，同じものを繰り返し選んでもよい。

　300塩基対の DNA を構成する全塩基の20％がアデニンであった場合，
この 2 本鎖の DNA 中に存在するシトシンの数は，　ア　である。また，
300塩基対の 2 本鎖 DNA の片方の鎖がすべて転写されて mRNA が合成さ
れた。この mRNA の最初の塩基から最後の塩基までのすべての塩基配列
がアミノ酸を指定していた場合，この mRNA の塩基配列に基づいて翻訳
が行われると，　イ　個のアミノ酸が連なったタンパク質が合成される。

① 90　　　② 100　　　③ 120　　　④ 180
⑤ 200　　　⑥ 300　　　⑦ 360　　　⑧ 900

（センター試験本試・改）

解答　ア－④　イ－②

解説　ア．シャルガフの規則より，A＝T＝20%，C＝Gだから，

$$C = \frac{100 - 20 \times 2}{2} = \frac{60}{2} = 30(\%)　である。$$

300塩基対のDNAは600塩基を含むから， 2本鎖DNA中に存在するC

の数は，$C = 600 \times \dfrac{30}{100} = 180$（塩基）

イ．**2本鎖DNAの片方の鎖だけがmRNA合成の鋳型となる**ため，合成された

mRNAは300塩基である。**mRNA上の3個の塩基で，1個のアミノ酸が指定**

される。したがって，$\dfrac{300（塩基）}{3（塩基/アミノ酸）} = 100$（アミノ酸）

共通テストでは…　DNAが2本鎖である，mRNA 3個の塩基で1個のアミノ酸
を指定する，ヒトゲノムが30億塩基対である，などの数値は知っていることを
前提として出題される。

SUMMARY & CHECK

① DNAの一方の鎖（鋳型鎖）の塩基配列をRNAに写し取る過程を転写と
　いい，DNAの鋳型鎖上のA，T，G，Cは，RNA上ではU，A，C，
　Gにそれぞれ対応する。

② mRNAの塩基配列をタンパク質のアミノ酸配列に読みかえる過程を
　翻訳といい，3個の塩基で1個のアミノ酸を指定する。

③ mRNAがもつコドンが指定するアミノ酸を，コドンと相補性がある
　アンチコドンをもつtRNAが運搬して，順次結合することで，タンパ
　ク質が合成される。

④ 遺伝子が発現するときには，転写→翻訳の流れは決して逆流すること
　はない。この原則をセントラルドグマという。

9　遺伝情報の分配
Distribution of genetic information

🏛 **GUIDANCE**　細胞の分裂に伴い，遺伝情報は複製されて新たな細胞へと分配されていく。体細胞分裂のしくみと，そのとき何が行われているのかを理解しよう。また，ヒトの場合，1個の受精卵から，からだを構成する多種多様な細胞ができる。なぜ細胞ごとに異なったはたらきや形態を示せるのかを学ぼう。

POINT 1　細胞周期

① **細胞周期**：体細胞分裂によって生じた細胞が，再び2つの細胞に分裂するまでの過程を <u>細胞周期</u>といい，<u>間期</u>と<u>分裂期（M期）</u>に分けられる。

■1 ヒトの細胞の場合，24〜30時間程度。

② **間期**：間期は，<u>G$_1$期（DNA合成準備期）</u>，<u>S期（DNA合成期）</u>，<u>G$_2$期（分裂準備期）</u>に分けられる。

③ **分裂期**：分裂期は，<u>核分裂</u>と，それに続く<u>細胞質分裂</u>からなり，核分裂は，<u>前期</u>，<u>中期</u>，<u>後期</u>，<u>終期</u>に分けられる。

④ **G$_0$期**：ほとんど分裂しない細胞も多い。**分裂を停止した細胞は，細胞周期から離脱した状態（G$_0$期）にある。**

■2 損傷した肝臓の細胞などは，G$_0$期から再びG$_1$期に戻る。
　がん細胞は細胞分裂の抑制ができず，際限なく分裂を続ける。

CHART　細胞周期

① <u>間期（G$_1$期，S期，G$_2$期）</u>は長く，<u>分裂期</u>は短い。
② 分裂を停止した細胞は，細胞周期から離脱する（G$_0$期の状態に入る）。

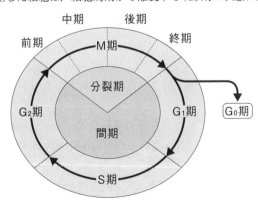

① **2本鎖の開裂**：DNA の一部分がほどけて，1本鎖になる。

② **相補的な塩基対の形成**：それぞれの鎖を鋳型(転写の場合はいずれか一方が鋳型)とし，鋳型に相補的な塩基をもつヌクレオチドが結合する。

③ **完成した2本鎖**：一方は元の2本鎖の片方，他方は新しい鎖からなる(半保存的複製)。

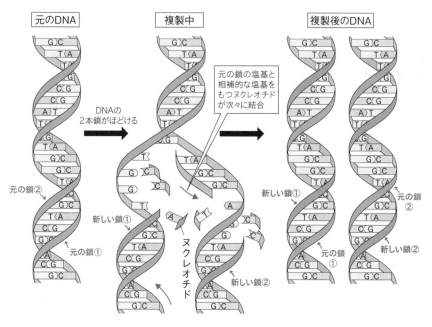

〔DNAの半保存的複製〕

EXERCISE 24 ● DNA の複製方法

　大腸菌を培養する際に，次の手順に示すように，通常の ^{14}N(軽い窒素)と，これよりも質量の大きい ^{15}N(重い窒素)を用いて，複製される DNA の新しいヌクレオチド鎖がどのように合成されているのかを知ることができる。

手順1　窒素源として ^{15}N だけを含む培地(^{15}N 培地)で大腸菌の培養を続け，窒素がすべて ^{15}N に置き変わった大腸菌(DNA はすべて比重が大きい DNA)を得る。

手順2　この大腸菌を，窒素源として ^{14}N だけを含む培地(^{14}N 培地)に移して培養し，DNA 合成および細胞分裂を行わせる。

手順3 ^{14}N 培地で培養した大腸菌から，分裂のたびに DNA を抽出し，DNA の比重を調べる。

　得られた結果を下の表に示した。下表より，DNA の複製方法は，もとの2本鎖のそれぞれを鋳型にして，新たな2本鎖の一方がもとの鎖，他方が培地から取り込んだ窒素などをもとに新たに合成された鎖から構成される半保存的複製であることが推察される。なお，窒素として，^{15}N だけを含む DNA を比重が大きい DNA，^{14}N だけを含む DNA を比重が小さい DNA，^{15}N と ^{14}N を等量ずつ含む DNA を中間的な比重の DNA と表現している。

^{14}N 培地に移してからの分裂回数	DNA の比重について調べた結果
1回分裂後	ア
2回分裂後	中間的な比重の DNA：比重が小さい DNA＝1：1
3回分裂後	イ

問1 表中の空欄に入る結果として最も適当なものを，次からそれぞれ一つずつ選べ。
① すべて比重が大きい DNA
② すべて中間的な比重の DNA
③ すべて比重が小さい DNA
④ 中間的な比重の DNA：比重が小さい DNA＝1：1
⑤ 中間的な比重の DNA：比重が小さい DNA＝1：2
⑥ 中間的な比重の DNA：比重が小さい DNA＝1：3

問2 DNA の複製方法が，もとの2本鎖はそのまま残り，新たに2本鎖が合成される保存的複製であったと仮定する。この仮説は，表中の何回目の分裂後の結果から棄却することができるか。最も適当なものを，次から一つ選べ。なお，表中結果から仮説を棄却できない場合は，④を選べ。
① 1回目　　② 2回目　　③ 3回目　　④ 棄却できない

解答 **問1** ア-②　イ-⑥　　**問2** ①

解説 **問1** 右図のように実際に描いてみるとわかりやすい。1回分裂後はすべて中間的な比重の DNA，3回分裂後は中間的な比重の DNA：比重が小さい DNA＝2：6＝1：3 となることがわかる。

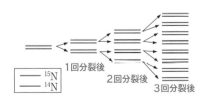

もとの比重が大きい DNA を構成していた ^{15}N を含むヌクレオチド鎖は最後まで残るため，**中間的な比重の DNA は 1 回目の分裂以降は常に 2 分子できる。**

問2 こちらも図を描いてみると，保存的複製の場合の 1 回分裂後に予想される結果が半保存的分裂と異なっている（右図）。すなわち，事実と矛盾していることから，保存的複製の可能性は 1 回分裂後の結果より棄却される。

1回分裂後

POINT 3 体細胞分裂の過程

① **間期**：G$_1$ 期（DNA 合成準備期），S 期（DNA 合成期），G$_2$ 期（分裂準備期）で，核に形態的な違いはない。

② **前期**：<u>核膜</u>が消失し，<u>染色体</u>が凝縮して太く短くなる。 →③

③ **中期**：**染色体が細胞の<u>中央部</u>（赤道面）に並ぶ。**

④ **後期**：それぞれの**染色体は 2 つに分かれ，両極に移動す**る。 →④

⑤ **終期**：<u>核膜</u>が出現し，<u>染色体が分散</u>する。<u>細胞質分裂</u>が起こり，細胞が二分される。

③染色体は，縦裂した状態になる。

④染色体は縦裂面で細い染色体に分かれる。

CHART 体細胞分裂の過程

細胞質分裂の違い
① **動物細胞**：**外側から内側へくびれ込む。**
② **植物細胞**：赤道面に，内側から外側へと<u>細胞板</u>ができる。

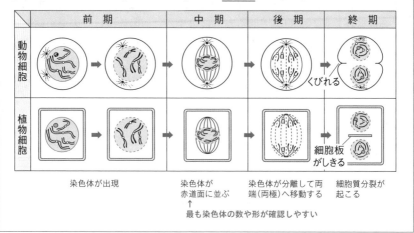

	前 期	中 期	後 期	終 期
動物細胞			くびれる	
植物細胞				細胞板がしきる
	染色体が出現	染色体が赤道面に並ぶ ↑ 最も染色体の数や形が確認しやすい	染色体が分離して両端（両極）へ移動する	細胞質分裂が起こる

POINT 4 細胞周期と DNA 量の変化

① **DNA 合成と分配の意義**：体細胞分裂で形成される 2 つの娘細胞に DNA を等しく分配する。

➡ **母細胞と同じ遺伝情報をもつ細胞を増殖できる。**

② **DNA 量の増加**：S 期にもとの 2 倍になる。

③ **DNA 量の半減**：終期に細胞が二分されることで半減し，G_1 期と同じになる。

CHART DNA 量の変化

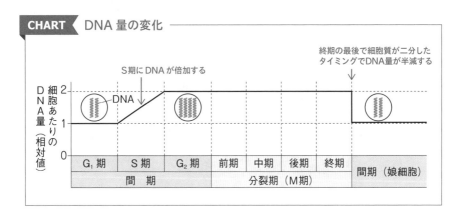

EXERCISE 25 ●細胞分裂

問 1 真核細胞の体細胞分裂の間期に関する記述として最も適当なものを，次から一つ選べ。

① S 期では，DNA 量は変化せず，DNA 合成の準備が行われている。

② S 期では，複製された DNA が娘細胞に均等に分配される。

③ G_1 期では，DNA が複製され，細胞あたりの DNA 量は 2 倍になる。

④ G_1 期では，DNA 量は 2 倍になっており，分裂の準備が行われている。

⑤ G_2 期では，DNA が複製され，細胞あたりの DNA 量は 2 倍になる。

⑥ G_2 期では，DNA 量は 2 倍になっており，分裂の準備が行われている。

問 2 図 1 は，ある動物細胞の体細胞分裂で，一つの細胞中の分裂期中期にみられる染色体の模式図である。この細胞の体細胞分裂の分裂期後期にみられる染色体のようすとして最も適当な

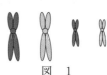

図 1

ものを，下図①〜⑥から一つ選べ。ただし，図１で同じ大きさの染色体は相同染色体であり，色の異なる染色体の一方は父親由来，他方は母親由来である。

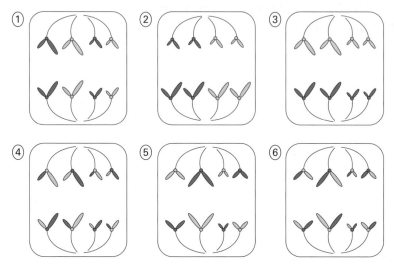

（センター試験追試＋共通テスト追試）

解答 問１ ⑥   問２ ①

解説 問１ G_1 期は DNA 合成準備期で，S 期でのみ DNA が倍加する。G_2 期は分裂準備期である。

問２ 体細胞分裂の後期には，それぞれの染色体が縦裂面で細い染色体に分かれ，両極へ移動する。

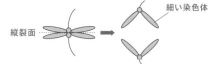

細胞周期の計算①

　培養細胞でも体内で分裂を行っている組織でも，通常の**細胞は「ランダム（非同調的）に」，「同じ細胞周期を回り続けて」いる**と考える。この仮定の下で，次のような問題を考えてみよう。

例題 活発に体細胞分裂を行っている細胞集団[5]について，分裂過程の各時期の細胞数を数えて全観察細胞数に対する割合（%）を調べたところ，下表のようになった。

分裂過程	分　裂　期				間期	合計
	前期	中期	後期	終期		
細胞数の百分比（%）	6.3	1.4	1.2	1.8	89.3	100.0

細胞周期を20時間，各細胞は細胞周期の各時期に分散して同じ細胞周期を回り続けている[6]ものとして，この細胞集団における分裂期に要する時間（整数値）を算出せよ。

① 通常の**細胞**は，「**ランダム（非同調的）に**」，「**同じ細胞周期を回り続けて**」いると考えると，この仮定の下では次の関係を利用して各時期の長さを計算できる。

細胞周期のうちで， ある時期の細胞数の割合は，その時期に要する時間の割合に比例**する。**

② 分裂期の細胞数の割合は，
$$6.3+1.4+1.2+1.8＝100－89.3＝10.7（\%）$$
である。

③ 分裂期に要する時間を x 時間として比例式をつくると，
$$100\% \quad : \quad 10.7\% \quad ＝ 20時間 \quad : \quad x 時間$$

全細胞数の割合　　分裂期の細胞数の割合　　細胞周期の長さ　　分裂期の長さ

と考えられる。よって，$x＝20×\dfrac{10.7}{100}＝2.14$ → **約2時間** である。

[5] タマネギの根の先端の分裂組織などが観察によく利用される。

[6] 厳密には，この仮定がないと，細胞周期中の各段階に要する計算の長さは計算できない。

EXERCISE 26 ●細胞周期の計算①

　細胞は分裂を行っていない間期の細胞と，分裂を行っている分裂期の細胞に分けることができる。右図はタマネギの根端部分を固定後，柔らかくし，染色して，押しつぶし，顕微鏡で観察したときの

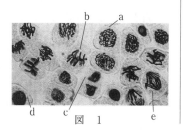
図　1

写真である。この顕微鏡写真では，酢酸オルセインを用いて細胞を染色しているため，間期や分裂期のさまざまな状態にある細胞を識別できる。なお，タマネギの根端細胞の細胞周期は22時間であることがわかっている。

問1 図の中でa〜eの記号を付けた細胞を，細胞分裂の進行の順に並べるとどのようになるか。正しいものを次から一つ選べ。

① d → a → b → c → e   ② d → a → b → e → c

③ d → b → a → e → c   ④ d → b → e → a → c

⑤ d → c → b → e → a   ⑥ d → c → e → b → a

問2 図から判断して，分裂期は何時間か。最も近い値を次から一つ選べ。

① 5.5   ② 11.0   ③ 16.5   ④ 21.0

(センター試験本試・改)

- -

解答 問1 ②   問2 ③

解説 問1 まず，dが間期である。染色体の様相から，aは前期，bは中期で，c・eはいずれも後期であるが，染色体が両極近くまで移動しているcの方が，eよりも時間的に後ろの段階である。

問2 全部で20個程度の細胞があり，そのうち5個程度が間期の状態の核である。したがって，分裂期の細胞数は，$\dfrac{20-5}{20} \times 100 = 75$（％）程度。

分裂期に要する時間も，細胞周期の75％程度と判断する。よって，
　　22（時間）×0.75＝16.5（時間）

- -

TECHNIQUE 細胞周期の計算②

　細胞の培養時間と増加数を示したグラフや表から細胞周期を求めたり，細胞に含まれるDNA量から細胞周期のうちの時期を求めたりするタイプの問題もある。■ TECHNIQUE 細胞周期の計算①よりやや複雑になるが，次の例題で解き方を理解しておこう。

例題 一定数の動物培養細胞が入ったシャーレを複数準備し，同時に培養を開始した。培養を開始してから24時間後および96時間後にシャーレを1つずつ取り出し，それぞれのシャーレに含まれる全細胞数を計測した（表1）。また，培養開始後48時間が経過したシャーレからすべての培養細胞を回収し，個々の細胞のDNA量とそれぞれのDNA量をもった細胞数の割合を調べた（表2）。なお，すべての細胞の増殖速度は常に一定

であるものとし，光学顕微鏡で観察すると，分裂期の像を示したものは全細胞のうち常に5%であった。

表1 細胞の培養時間と増加数		
培養を開始してからの時間（時間）	24	96
細胞数（×10^5個）	2.3	18.4

表2 細胞あたりのDNA量と相対頻度			
細胞あたりのDNA量（相対値）	1	1より大2より小	2
細胞数の割合（%）	55	20	25

　この培養細胞の細胞周期の長さを求め，G_1期，S期，G_2期の長さを算出せよ。

① まず，細胞周期の長さを計算しよう。

7 これらより，細胞が細胞周期の各時期に分散しながらも同じ細胞周期をもつことが保証される。

$$24時間 \xrightarrow[8=2^3倍]{72時間} 96時間$$
$$2.3×10^5個 \xrightarrow{} 18.4×10^5個$$

細胞周期の時間が経てば，どの細胞も1回は分裂を経験することとなり，細胞数は2倍になる。

8 1回の分裂で，1個の細胞は2個になる。

　72時間の間に$8=2^3$倍になったということは，どの細胞も3回の分裂を行ったということであり，

　　　細胞周期の長さ＝72÷3＝24（時間）

とわかる。

② 次に，細胞あたりのDNA量から，その細胞が何期にあるのかを考えてみよう。

　表2を細胞あたりのDNA量の変化のグラフと突き合わせると，細胞あたりのDNA量が，

9 細胞あたりのDNA量は相対量であるため，基準に注意。

- ・1 ⟶ G_1期
- ・1より大，2より小 ⟶ S期
- ・2 ⟶ G_2期とM期

に相当することがわかる。**各時期にある細胞数とその時期に要する時間の間には比例関係がある**ため，表2から，細胞周期のうちG_1期の長さは55%，S期の長さは20%，G_2期と分裂期の長さの和は25%を占めるとわかる。

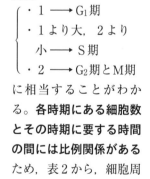

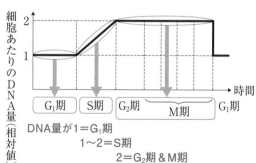

DNA量が1＝G_1期
1～2＝S期
2＝G_2期＆M期

③ 問題文に「分裂期の像を示したものは全細胞のうち常に5%であった」とあるので，細胞周期のうち分裂期の占める長さは5%とわかる。よって，

$$G_2\text{期の長さ} = 25 - 5 = 20\,(\%)$$

④ あとは細胞周期が24時間であることから，各時期に要する時間の長さを計算すればよい。

$$G_1\text{期の長さ} = 24 \times \frac{55}{100} = \mathbf{13.2\,(時間)}, \quad S\text{期の長さ} = 24 \times \frac{20}{100} = \mathbf{4.8\,(時間)}$$

$$G_2\text{期の長さ} = 24 \times \frac{20}{100} = \mathbf{4.8\,(時間)}$$

EXERCISE 27 ●細胞周期の計算②

　図1は，ある哺乳類の培養細胞の集団の増殖を示す。グラフから細胞周期の1回に要する時間 T が読み取れる。また，この培養細胞では，細胞周期のそれぞれの時期に要する時間 t は，次の式により計算できる。

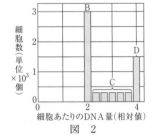

図　1

$$t = T \times \frac{n}{N}$$

ただし，N は集団から試料としてとった全細胞数，n は試料中のそれぞれの時期の細胞数である。

問1 1回の細胞周期に要する時間は何時間か。最も適当なものを，次から一つ選べ。

① 10　　② 20　　③ 30　　④ 40　　⑤ 50

問2 図2は，図1のAの時点で6000個の細胞を採取して，細胞あたりのDNA量を測定した結果である。次の文中の空欄に入る最も適当なものを，後の①〜⑥から一つずつ選べ。

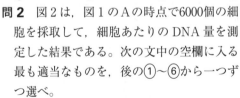

図　2

　図2の棒グラフの ア はDNA合成の時期の細胞である。 イ は，DNA合成のあと分裂開始までの時期と分裂期の両方の時期の細胞を含む。 ウ は分裂期のあと次のDNA合成開始までの時期の細胞である。

① B　　　② C　　　③ D

④ B＋C　⑤ B＋D　⑥ C＋D

問 3　図 2 で，測定した6000個の細胞のうち，DNA 合成期の細胞数は1500個であった。また，分裂期の細胞数は300個であり，2 つの核をもつ細胞の数は計算上無視できる程度であった。この培養細胞における細胞周期のそれぞれの時期(1)〜(4)に要する時間(時間)として，最も適当な数値を後の①〜⓪からそれぞれ一つずつ選べ。

(1) 分裂期
(2) 分裂期のあと DNA 合成開始までの時期
(3) DNA 合成の時期
(4) DNA 合成のあと分裂期開始までの時期

① 1　② 2　③ 3　④ 4　⑤ 5
⑥ 8　⑦ 10　⑧ 12　⑨ 15　⓪ 16

(センター試験本試・改)

解答　問 1　②
　　　問 2　ア-②　イ-③　ウ-①
　　　問 3　(1) ①　(2) ⑦　(3) ⑤　(4) ④

解説　問 1　図 1 より，**20時間ごとに細胞数が 2 倍**になっている。
問 2　「DNA 合成の時期」= S 期，「DNA 合成のあと分裂期開始までの時期」= G$_2$ 期，「分裂期」= M 期，「分裂期のあと次の DNA 合成開始までの時期」= G$_1$ 期である。D には，G$_2$ 期と M 期の細胞が含まれていることに注意。
問 3　細胞周期は**問 1** より20時間とわかっている。細胞周期に，全細胞数における各期の細胞数の割合を掛ければ，各期に要する時間が求められる。

(1) 問題文より，分裂期(M期)の細胞数が6000個のうち300個なので，分裂期に要する時間は，$20 \times \dfrac{300}{6000} = 1$(時間)

(2) G$_1$ 期に要する時間 $= 20 \times \dfrac{3000}{6000} = 10$(時間)

(3) S 期に要する時間 $= 20 \times \dfrac{1500}{6000} = 5$(時間)

(4) G$_2$ 期に要する時間 $= 20 \times \dfrac{1500-300}{6000} = 4$(時間)

と計算できるが，
細胞周期　G$_1$　S　M
G$_2$ 期に要する時間 $= 20 - (10+5+1) = 4$(時間)としても求められる。

POINT 5 ゲノム

① **ヒトの染色体数**：ヒトの体細胞(卵や精子ではないからだ
を構成する細胞)の染色体数は，$2n = 46$ である。

② **相同染色体**：ヒトの体細胞には，**同形同大の染色体が2
本ずつ含まれる。この対になる2つの染色体を相同染色体**[10]
という。

[10]一方は母親から，他方は父親から受け継がれる。

③ **ゲノム**：ある生物が生命活動を営むための**最小限の遺伝
情報の一揃いを**ゲノムといい，生殖細胞(卵や精子)がもつ
染色体に含まれる DNA の全体に相当する。ヒトの体細胞
の場合，**父親由来のゲノム**(23本の染色体)と**母親由来のゲ
ノム**(23本の染色体)の**2組**をもつ。

④ **ヒトのゲノムサイズ**：ゲノムの大きさは DNA の塩基対
数で表すことができ，生物の種類によって異なる。ヒトの
場合，**約30億塩基対からなるゲノム**中に，**約2万**個程度
の遺伝子が含まれている。

[11]男性の場合，性決定にはたらく性染色体のもち方が，女性とは異なる。

CHART ヒト(女性[11])の体細胞に含まれる染色体

・青い染色体は母親由来，黒い染色体は父親由来のゲノム。

PLUS ヒトゲノム計画とその後

① **ゲノムの解読**：1つの生物がもつゲノムすべてについて，塩基配列を明
らかにする試み(ゲノムプロジェクト)が，大腸菌などを材料に行われてきた。

② **ヒトゲノム**：2000年代初頭にはヒトゲノムの塩基配列の大半が解読された。約
20000個程度の遺伝子が存在し，これはゲノム全体の1.5%に相当することがわ
かった。また，塩基配列の個人差は0.1%ほどで，個人の体質などの差につながる。

③ **応用**：病気へのかかりやすさ，薬の効きやすさなどになどを考慮したオーダーメ
イド(テーラーメイド)医療に利用できる。犯罪捜査や親子鑑定にも用いることが
できるが，その情報の取り扱いには最大の慎重さが要求される。

EXERCISE 28 ●ゲノム

ゲノムについて，次の各問いに答えよ。

問 1 ゲノムプロジェクトに関連して，次の文中の空欄に入る数値の組合せとして最も適当なものを，後の①～⑥から一つ選べ。

ヒトのゲノムは約 ア 塩基対の大きさをもち，遺伝子数は約 2 万と推定されている。精子や卵は イ 組，体細胞は ウ 組のゲノムをもつ。

	ア	イ	ウ		ア	イ	ウ		ア	イ	ウ
①	3億	1	2	②	3億	2	1	③	30億	1	2
④	30億	2	1	⑤	300億	1	2	⑥	300億	2	1

問 2 さまざまな生物のゲノムに関連する記述として最も適当なものを，次から一つ選べ。

① 個人のゲノムを調べて，病気へのかかりやすさ，薬の効きやすさなどを判別する研究が進められている。

② 個人のゲノムを調べれば，その人が食中毒にかかる回数がわかる。

③ 植物のゲノムの塩基配列がわかれば，枯死するまでに合成されるATP の総量がわかる。

④ 生物の種類ごとにゲノムの大きさは異なるが，遺伝子数は同じである。

(センター試験追試・改)

....

解答 問 1 ③ 問 2 ①

解説 問 2 ① ヒトの場合，ゲノムの塩基配列のうち0.1％程度の違いが個人差を生み出しており，それが病気へのかかりやすさ，薬の効きやすさなどの個人の特性と関係していると考えられている。

PLUS 真核細胞の染色体

① **染色体の構成物質**：DNA とタンパク質から構成される。

② **ヌクレオソーム**：DNA は球状タンパク質(ヒストン)に巻き付いた状態にある。

③ **クロマチン(クロマチン繊維)**：ヌクレオソームが規則的に折りたたまれた繊維状構造のこと。

④ **分裂期の染色体**：クロマチンがさらに高度に凝縮した状態にある。

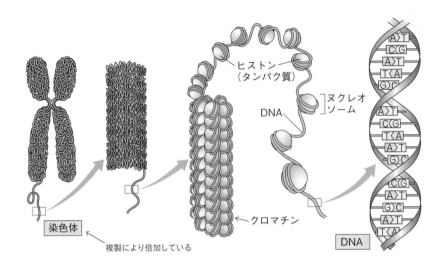

ヒストン
（タンパク質）

ヌクレオ
ソーム

DNA

←クロマチン

染色体

複製により倍加している

DNA

PLUS 減数分裂

① **減数分裂の意義**：卵と精子が受精して子が生じるが，ヒトならば親も子も$2n＝46$の染色体数が維持される必要がある。

➡ 受精に備え，卵や精子の形成時に染色体数を予め半減させておく。

② **染色体の分配**：減数分裂第一分裂では，相同染色体が別々の細胞へ分配される。

➡ 細胞の**染色体数が半減**（ヒトならば$2n＝46$から$n＝23$となる）する。

③ **DNA量**：1回のDNA複製後，2回の核分裂が連続する。

➡ 最終的に形成される4個の細胞それぞれのDNA量は，もとの細胞（DNA合成前）の1/2量になる。

[12] 真核細胞が行う細胞分裂には，体細胞分裂と減数分裂がある。

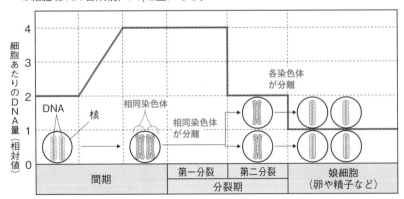

各染色体が分離

DNA 核 相同染色体

相同染色体が分離

細胞あたりのDNA量（相対値）

間期　第一分裂　第二分裂　娘細胞（卵や精子など）

分裂期

POINT **6** 選択的な遺伝子発現

① **ゲノムの大きさと遺伝子**：1つの細胞内に含まれる DNA量（塩基対数で表されるゲノムの大きさ）や，そのなかに含まれる遺伝子の数は生物ごとに異なる。

〔いろいろな生物の遺伝子の数（1組のゲノム中）〕

生物名	塩基対の数	遺伝子の数
大腸菌	約460万	約4300
酵母	約1200万	約6300
シロイヌナズナ	約1億2000万	約25000
キイロショウジョウバエ	約1億8000万	約13600
メダカ	約8億	約21000
ヒト	約30億	約20000

[13]通常の細胞分裂時に観察される染色体よりも100〜200倍程度大きい。

[14]RNAを含むため，ピロニンにより赤桃色に染色される。

② **細胞の分化**：多細胞生物のからだは，異なる形態や機能をもつ<u>分化</u>した細胞から構成されている。

③ **分化のしくみ**：多細胞生物のからだを構成する細胞は，基本的に<u>同じ</u>ゲノムをもつ。しかし，細胞が保有するすべての遺伝子が発現するのではなく，その細胞が必要とする遺伝子だけがはたらいて，特定の組合せでタンパク質が合成される（**選択的な遺伝子発現**）ことで，細胞の分化が起こる。

④ **パフ**：ショウジョウバエやユスリカの幼虫のだ腺細胞には，巨大な染色体（だ腺染色体[13]）が存在する。DNAがほどけて広がった部分（パフ[14]）では，<u>転写</u>が活発に行われており<u>RNA（mRNA）</u>が合成されている。

EXERCISE 29 ●細胞の分化と遺伝子発現

生物の遺伝情報に関する記述として最も適当なものを，次から一つ選べ。

① ヒトのどの個々人の間でも，ゲノムの塩基配列は同一である。

② 受精卵と分化した細胞とでは，ゲノムの塩基配列が著しく異なる。

③ ゲノムの遺伝情報は，分裂期の前期に2倍になる。

④ ハエのだ腺染色体は，ゲノムの全遺伝子を活発に転写して膨らみ，パフを形成する。

⑤ 神経の細胞と肝臓の細胞とで，ゲノムから発現される遺伝子の種類は大きく異なる。

（センター試験本試・改）

解答 ⑤

解説 ⑤ 基本的な生命活動に関わる遺伝子は，いずれの細胞でも発現している（そのような遺伝子を，ハウスキーピング遺伝子という）。しかし，神経の細胞と肝臓の細胞とで発現する遺伝子の組合せが異なることで，それぞれの細胞への分化が起こる。

③ ゲノムの遺伝情報が倍加するのは，間期のS期（DNA合成期）。

PLUS 発生の進行とパフの変化

① **だ腺染色体の横じま**：酢酸カーミンなどでよく染まり，遺伝子の位置に対応する。

② **ショウジョウバエの発生**：受精卵 → 幼虫（脱皮を繰り返す）→（蛹化）→ 蛹 → 成虫　と発生する。

〔パフ〕

③ **パフの位置や大きさの変化**：パフの位置の変化は発現する遺伝子の変化を，パフの大きさは転写の程度を反映。

➡ **発現する遺伝子が変化することで，発生が進行。**

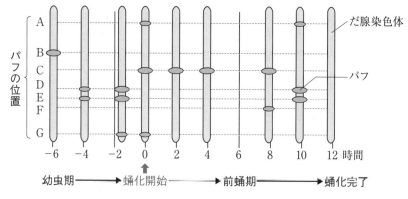

〔ショウジョウバエの各発生段階におけるだ腺染色体のパフの位置〕

PLUS 分化した細胞の遺伝情報

① **クローン動物**：カエルの分化した細胞の核を，核を不活性化した未受精卵に移植すると，カエルまで発生できる。

➡ **分化した細胞であっても，個体をつくるすべての遺伝情報を保持している。**

② **幹細胞**：自己複製能と，異なる種類の細胞に分化する能力を併せもつ細胞を幹細胞という。幹細胞は，特定の種類の細胞にしか分化できない組織幹細胞（造血幹細胞であれば血液系の細胞のみ，神経幹細胞であれば神経系の細胞のみに分化する）と，ES細胞のように複数のいろいろな種類の細胞に分化できる多能性をもつ多能性幹細胞がある。

③ **ES 細胞（胚性幹細胞）**：哺乳類の初期胚から作製される，幹細胞としての性質をもつ細胞。複数のいろいろな細胞に分化できるが，子宮に戻せば胎児に発生し得る初期胚を破壊することになるため，ヒトに応用するには倫理的な問題が大きい。

④ **iPS 細胞（人工多能性幹細胞）**：2006年，山中伸弥らは，分化した細胞にいくつかの遺伝子を導入することによって，幹細胞の性質をもつ細胞である iPS 細胞を作製することに成功した。ES 細胞に比べて倫理的な問題が少ない。

SUMMARY & CHECK

① 体細胞分裂の過程は，間期と分裂期に分けられ，間期のS期にだけ DNA が G₁期の２倍量に複製される。G₂期に続く分裂期は，前期，中期，後期，終期の順に進行し，もとの細胞と等しい遺伝情報をもつ２つの細胞が形成される。

② ゲノムとは，その生物が生命活動を営むための最低限の遺伝情報の一揃いであり，ヒトの場合は，卵や精子のなかの23本の染色体に含まれる DNA の30億塩基対の塩基配列に相当する。このなかには，約２万個の遺伝子がある。

③ ランダムに同じ細胞周期を回っている細胞集団では，**細胞数が２倍に増加する時間**が，**細胞周期の長さ**にあたる。また，**細胞周期の特定の時期にある細胞数の割合**は，その時期に要する時間の割合に比例する。

④ 細胞がもつ多くの遺伝子のうち，**選択的に特定の遺伝子が発現する**ことで**細胞の分化**が起こる。

次の文章（**A・B**）を読み，後の問い（**問1〜4**）に答えよ。

A 水田や河川に数多く生息しているミドリゾウリムシは，ゾウリムシに近縁な生物であり，内部にクロレラのなかまの共生藻が多数共生している。ミドリゾウリムシは，細菌やカビなどを栄養として摂取しているが，太陽光が利用できる昼間は，共生藻が行う光合成の産物を栄養とすることが可能である。共生藻が共生できるメカニズムを探るため，_a共生藻を取り除いた白いミドリゾウリムシをつくることや，_bミドリゾウリムシ内部の共生藻を取り出す（単離する）ことなどが行われている。

問1 光合成によって植物体内で直接つくられるものは何か。正しいものを，次の①〜⑦から二つ選べ。

① 糖　　　　　　② 二酸化炭素　　　③ タンパク質　　　④ 酸素
⑤ ビタミン　　　⑥ ホルモン　　　　⑦ 無機塩類

問2 下線部**a**について述べた次の文中の空欄に入る語は何か。最も適当なものを，後の①〜⑨からそれぞれ一つずつ選べ。

　白いミドリゾウリムシをつくるためには，ミドリゾウリムシに影響を与えず，共生藻を取り除くことが必要である。そこで，ミドリゾウリムシを ┌ **ア** ┐ で長期間培養したり薬品を用いたりして，共生藻の光合成を阻害することを考えた。光合成は，共生藻に存在する ┌ **イ** ┐ で行われる。また，ミドリゾウリムシを ┌ **ア** ┐ で長期間培養する場合は，培養液に細菌やカビなどの栄養源が豊富であることが重要な条件である。

① ミトコンドリア　　② 暗所　　③ 核　　④ 小胞体　　⑤ 低温
⑥ 高温　　⑦ 葉緑体　　⑧ 明所　　⑨ ゴルジ体

問3 下線部**b**は，破砕したミドリゾウリムシを寒天培地の上に薄く塗り，培養してできた共生藻のコロニー（集落）を単離することで行われる。そのときの培養条件として最も適当なものはどれか。次の①〜④から一つ選べ。ただし，いずれの場合も寒天培地には，必要な無機塩類が含まれているものとする。

① 暗所で，培地に肉汁を含む。
② 暗所で，培地に肉汁を含まない。
③ 明所で，培地に肉汁を含む。
④ 明所で，培地に肉汁を含まない。

B ミドリゾウリムシおよび白いミドリゾウリムシを，液体培地中でそれぞれ単独で増殖させた。実験は，4種類の条件（**実験1～4**）で行い，得られた増殖曲線を図1に示した。図1では，太い線がミドリゾウリムシの増殖曲線を，細い線が白いミドリゾウリムシの増殖曲線を表している。

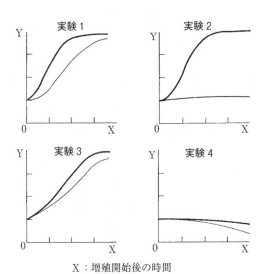

X：増殖開始後の時間
Y：細胞密度（細胞数 /mL）
図　1

問4　実験1～4は，それぞれどのような条件で行われたか。組合せとして最も適当なものを，次の①～⑥から一つ選べ。ただし，**実験3は暗富の条件で行われている**。

	実験1		実験2		実験3		実験4	
①	明	貧	明	富	暗	富	暗	貧
②	明	富	暗	貧	暗	富	暗	富
③	明	富	明	貧	暗	富	暗	貧
④	暗	貧	明	富	暗	富	暗	貧
⑤	暗	貧	明	富	暗	富	明	貧
⑥	暗	貧	明	貧	暗	富	明	富

　ただし，上の解答群の中の簡潔な表現は，次のような内容を表している。
　明＝光を十分に当てる。
　暗＝暗黒に保つ。
　富＝細菌やカビが培養液中に豊富にいる。
　貧＝細菌やカビが培養液中にほとんどいない。　　　　　（センター試験追試）

次の文章（**A・B**）を読み，後の問い（**問 1～6**）に答えよ。

A 　_aヒトと大腸菌との間には，重さにして10^{16}倍以上の違いがあるが，ゲノムの実体がDNAであることは共通している。また，_b遺伝子が転写と翻訳とにより発現することも互いに共通しているが，_cゲノムの大きさや遺伝子の数は，ヒトと大腸菌に限らず，生物種によって大きく異なっている。

問 1　下線部**a**について，次の記述ア～エのうち，ヒトまたは大腸菌のどちらか一方のみがもつ細胞の特徴はどれか。その組合せとして最も適当なものを，後の①～⑥から一つ選べ。

ア．細胞壁をもつ。　　　　　　イ．葉緑体をもつ。

ウ．細胞分裂によって増殖する。　エ．核膜をもつ。

①　ア，イ　　　②　ア，ウ　　　③　ア，エ

④　イ，ウ　　　⑤　イ，エ　　　⑥　ウ，エ

問 2　下線部**b**に関する記述として**誤っているもの**を，次の①～⑤から一つ選べ。

①　多細胞生物では，細胞の種類によって，発現する遺伝子の種類が異なる。

②　DNAとmRNAのそれぞれを構成する塩基の種類は，三つが同じである。

③　転写では，1本鎖のmRNAが合成される。

④　転写では，DNAの複製のときと異なり，DNAの2本鎖がほどけることはない。

⑤　タンパク質のアミノ酸配列は，遺伝子の塩基配列によって指定される。

問 3　下線部**c**について，表1は，さまざまなゲノムの特徴をまとめたものである。表1の数値に関する記述として最も適当なものを，後の①～⑤から一つ選べ。なお，ゲノム，遺伝子の領域，および遺伝子のそれぞれの大きさは，塩基対を単位として表す。

表　1

	ゲノムの大きさ（塩基対）	ゲノム中の遺伝子の領域の割合（%）	遺伝子の数（個）
ヒ　ト	3,000,000,000	2	20,000
大腸菌	5,000,000	90	4,500
酵　母	12,000,000	70	6,000
イ　ネ	400,000,000	20	32,000

注：数値はいずれも概数である。

① ヒトと大腸菌では，ゲノムの大きさは約600倍違うが，遺伝子の平均的な大きさは，ほぼ同じである。

② ヒトのゲノムの大きさはイネのそれの7倍以上であるが，ヒトのゲノム中の遺伝子の領域の大きさの総計はイネのそれよりも小さい。

③ 表中の原核生物のゲノムの大きさは，表中のいずれの真核生物と比べても，10分の1以下である。

④ ゲノム中の遺伝子の領域の割合が高い生物ほど，遺伝子の平均的な大きさは大きい傾向がある。

⑤ ゲノムの大きさが小さい生物ほど，ゲノム中の遺伝子の領域の割合が低い傾向がある。

B ユスリカやショウジョウバエなどの幼虫のだ腺細胞には，巨大なだ腺染色体が存在する。この巨大な染色体のところどころには，パフと呼ばれる膨らみがある。パフの位置は幼虫から蛹になるにつれて変化する。昆虫の脱皮や変態にはホルモンXが関わっていることが知られている。ホルモンXとパフの位置の変化との関連を調べるために，以下のような**観察**，および**実験**を行った。

観察 幼虫から蛹にかけての各段階(3齢幼虫・蛹化開始・前蛹・蛹)において，だ腺染色体を観察した。蛹化開始の時期を0時間として，パフの位置の変化とホルモンXの濃度の変化を示すと，図1のようになった。パフAは蛹化開始後0～10時間の時期に観察され，パフBおよびCは蛹化開始前-4～0時間と蛹化開始後8～12時間の時期に観察された。

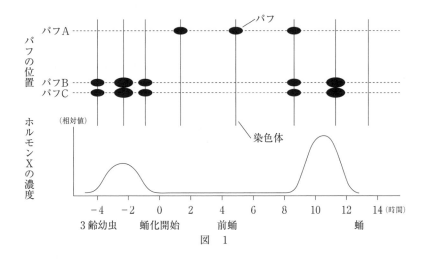

図　1

実験　蛹化開始時期にホルモンＸを体内に注射すると，パフＡは出現せず，パフＢおよびＣが出現した。

問4　この巨大な染色体をある染色液で染色すると縞模様が観察される。縞模様を観察するときに用いる染色液と，パフの部分で盛んに行われていることは何か。最も適当な組合せを次の①〜⑥から一つ選べ。

　　　　　　染色液　　　　　　　　行われていること
① 　酢酸オルセイン溶液　　　　　DNA の複製
② 　酢酸オルセイン溶液　　　　　RNA への転写
③ 　酢酸オルセイン溶液　　　mRNA からの翻訳
④ 　　ピロニン溶液　　　　　　　DNA の複製
⑤ 　　ピロニン溶液　　　　　　　RNA への転写
⑥ 　　ピロニン溶液　　　　　mRNA からの翻訳

問5　ある mRNA の塩基組成を調べたところ，アデニンが 30.0％，グアニンが 26.0％，シトシンが 16.0％，ウラシルが 28.0％であった。この mRNA をつくるもととなった DNA 全体に含まれるアデニンの割合（％）として最も適当なものを，次の①〜⑤から一つ選べ。

① 　14.0　　　② 　28.0　　　③ 　29.0　　　④ 　30.0　　　⑤ 　56.0

問6　観察および実験の結果から，どのようなことが考えられるか。最も適当なものを，次の①〜⑤から一つ選べ。

① 　ホルモンＸによって，DNA の複製が開始される。
② 　パフＡの位置に，ホルモンＸの合成に関わる情報が存在する。
③ 　パフＢおよびＣの位置に，ホルモンＸの合成に関わる情報が存在する。
④ 　ホルモンＸによって，パフＡの位置にある情報が使われ始める。
⑤ 　ホルモンＸによって，パフＢおよびＣの位置にある情報が使われ始める。

（共通テスト追試＋大阪医科大・改）

CHAPTER 2

体内環境

THEME
10 体液と血液循環
Body fluids and blood circulation

🏛 **GUIDANCE** 我々のからだを構成する細胞は，体液に浸された状態になっている。このことにはどのような意味があるのか，また，体液が果たす役割にはどのようなものがあるのかを学んでいこう。

POINT 1 体液の分類

体液(体内の液体)には，<u>血液・組織液・リンパ液</u>の３つがある。

① **血液**：<u>血管内を流れる</u>。

② **組織液**：血液中の液体成分(<u>血しょう</u>)は<u>毛細血管</u>からしみ出し，細胞や組織の間を満たす<u>組織液</u>となる。

③ **リンパ液**：組織液の一部は<u>リンパ管内に入り</u>，[→]**1** <u>リンパ液</u>となる。

1大部分は再び毛細血管に回収される。

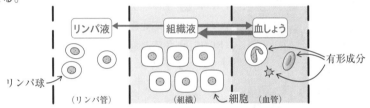

（リンパ管）　　　（組織）　　細胞　（血管）　有形成分　リンパ球

POINT 2 体液のはたらき

① **体内環境(内部環境)**：細胞は<u>体液</u>に浸された状態であり，体液は細胞にとっての直接の環境である。体液によってつくられる環境を**体内環境**(内部環境)と呼ぶ。細胞に好適な範囲の無機塩類濃度や pH（水素イオン濃度）などは，体液によって与えられる。

② **物質運搬**：<u>酸素</u>や栄養を細胞に運び，<u>二酸化炭素</u>や老廃物を細胞から運び去る。ホルモンのような情報伝達物質も運ぶ。

③ **温熱の運搬**：筋肉や肝臓で発生した<u>熱</u>を末梢まで運ぶ。

④ **免疫応答の場**：抗体を運搬し，種々の免疫応答の場ともなる。

POINT 3 血液の組成

① **血しょう**：血液中の液体成分を<u>血しょう</u>という。

② **有形成分**：<u>赤血球・白血球・血小板</u>に分類。すべて<u>骨髄</u>の<u>造血幹細胞</u>から分化する。大きさは**白血球≧赤血球＞血小板**。数は**赤血球＞血小板 ＞ 白血球**。

〔ヒトの血液の成分とはたらき〕

成　分		直径(μm)	形　状		核	数(個/mm³)	主なはたらき
有形成分（45%）	赤血球	7～8	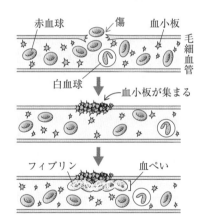	円盤状	<u>無</u>	380万～570万	酸素(O_2)を運搬
	白血球	5～20		不定形	<u>有</u>	4000～9000	免疫反応に関係
	血小板	2～5		不定形	<u>無</u>	10万～40万	血液の凝固に関係
液体成分（55%）	血しょう		●<u>水</u>（約90%），<u>タンパク質</u>（6～8%，フィブリノーゲン・各種酵素など），グルコース（血糖：0.1%），脂質，無機塩類（約1%），ホルモン，尿素などを含む。 ●栄養分・老廃物・ホルモン・温熱の運搬，血液凝固・免疫応答に関与。				

POINT 4　血液凝固

　血管に傷がつくと，出血による失血を防ぐために血液は凝固して傷口をふさぐ。これは生物がもつ防御反応の1つである。

血液凝固のしくみとその後の処理

① 血管が傷つくと，その部分に<u>血小板</u>が集まる。

② 血小板から放出される<u>凝固因子</u>と，血しょう中の別の<u>凝固因子</u>などのはたらきで，繊維状タンパク質である<u>フィブリン</u>が生成される。

③ フィブリンが<u>血球</u>をからめて<u>血ぺい</u>ができ，傷口をふさぐ。

④ 血管が修復されると，血ぺいは溶解して取り除かれる。これを<u>線溶</u>（繊溶，<u>フィブリン溶解</u>）という。

赤血球　　傷　　血小板

毛細血管

白血球　　血小板が集まる

フィブリン　　血ぺい

血液凝固の詳しいしくみ

　① 血管が傷つくと，その部分に血小板が集まる。

② 血小板から放出される凝固因子と，血しょう中の別の凝固因子やカルシウムイオンのはたらきで，血しょう中のプロトロンビンというタンパク質が，トロンビンといっ酵素になる。

③ トロンビンは，血しょう中のフィブリノーゲンというタンパク質を，水に溶けにくい繊維状タンパク質であるフィブリンに変える。

④ フィブリンが血球をからめて血ぺいができ，傷口をふさぐ。

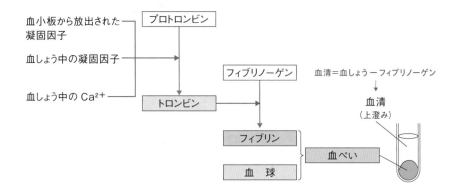

EXERCISE 30 ●血液凝固

血液凝固に関する記述として最も適当なものを，次から一つ選べ。
① 血管が傷つくと，最初に，白血球が集まり傷口をふさぐ。
② 赤血球が傷口に付着し，血液凝固に関する物質を放出する。
③ 血小板が壊れるとヘモグロビンが放出され，血液の凝固が始まる。
④ 血小板と血しょうに含まれるさまざまな血液凝固に関する物質がはたらき，フィブリンがつくられる。
⑤ 繊維状のグリコーゲンと血球がからみあい，血ぺいがつくられる。

(センター試験本試)

....

解答 ④

解説 ③ ヘモグロビンは，赤血球に含まれる色素タンパク質。
⑤ グリコーゲンは，肝臓や筋肉中でグルコースを貯蔵するときの形態。

＋ 線溶と梗塞
PLUS
線溶がうまくはたらかず，血管内でできた血液の塊（血栓）が血液の流路を狭めてしまい，組織や器官へ血液が正常に循環できなくなる（**梗塞**）ことがある。脳の血管が詰まる**脳梗塞**や心臓の血管が詰まる**心筋梗塞**は，日本人の死因の上位を占めている。

POINT 5 ヒト(哺乳類)の心臓の構造・血液循環

① **心臓の構造**：2つの心房(<u>右心房</u>・<u>左心房</u>)と，2つの心室(<u>右心室</u>・<u>左心室</u>)からなる。<u>左心室</u>は全身に血液を送り出すので<u>筋肉</u>が発達している。

② **心臓の自動性**：**右心房の上部**にある**洞房結節**(**ペースメーカー**)により，他からの刺激がなくても自動的に拍動できる。

③ **肺循環**：<u>右心室</u>から肺に**静脈血**を送り出す。肺で多くの酸素を含む**鮮紅色**の**動脈血**になり，<u>左心房</u>へ戻る。

④ **体循環**：<u>左心室</u>から全身へ**動脈血**を送り出す。体組織で酸素の少ない**暗赤色**の**静脈血**になり，<u>右心房</u>へ戻る。

CHART ヒトの心臓の構造・血液循環

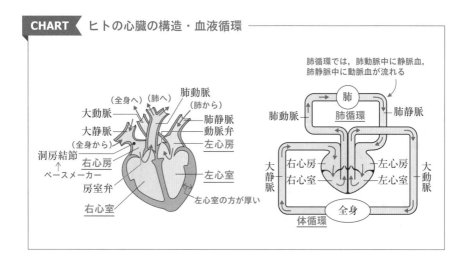

+ PLUS 人工ペースメーカー

本来のペースメーカーの機能が低下すると，血液の循環に不具合が生じ死に至ることもある。そのため，人工ペースメーカーを利用して心臓に電気信号を送り，心臓を規則正しく拍動させる治療が行われる。

+ PLUS 酸素や二酸化炭素の運搬

① **酸素**：肺で取り込まれた空気中の酸素(O_2)は，赤血球中に含まれる色素タンパク質であるヘモグロビン(Hb)と結合して，組織に運搬される。

② **二酸化炭素**：二酸化炭素(CO_2)の多くは赤血球内の酵素のはたらきで炭酸水素イオン(HCO_3^-)となって，血しょうに溶解して肺まで運ばれる。

EXERCISE 31 ●ヒトの血液循環

　ヒトの血液循環に関する次の記述のうち，最も適当なものを一つ選べ。
① 動脈と静脈と毛細血管からなる血管系である。
② 全身を巡る体循環と肺を巡る肺循環の血液は，心臓内で混ざり合う。
③ 全身に酸素を供給する血液循環では，血液は左心室から出て左心房に
　戻る。
④ 左心室から動脈に，右心室から静脈に，血液が送り出される。
⑤ リンパ液は，リンパ管の中を心臓から体の末端に向かって流れる。

（センター試験追試・改）

解答 ①

解説 ⑤ リンパ系には心臓のようなポンプ様の構造は存在しない。リンパ管
には弁があり，からだをひねった際などにリンパ液が一方向にゆっくりと流
れる。

PLUS **圧収縮曲線**

① **弁のはたらき**：左心室に付随する２つの
弁（房室弁，大動脈弁）は，血液が「左心房 → 左心
室 → 大動脈」の方向に流れることを可能にし，**血
液の逆流を防ぐ**。

② **左心室容積の増減**：左心室容積は，**血液が左心房
から左心室に流入することで増加**し，**左心室から
大動脈へ流出することで減少**する。

③ **左心室内圧の高低**：左心室内圧は，**左心室筋の収
縮で高くなり，左心室筋の弛緩で低くなる**。

④ **左心室内圧と，左心室容積の関係**：右のグラフの
ようになる。**開いた弁はすぐに閉じ，２つの弁が
同時に開くことはない**。

　(i) 房室弁が開放：左心房から左心室に血液が流入
　➡ 左心室容積が増加。

　(ii) 房室弁が閉鎖：左心室筋が収縮
　➡ 左心室内圧が高まる。

　(iii) 大動脈弁が開放：左心室から大動脈に血液が流
　出 ➡ 左心室容積が減少。

　(iv) 大動脈弁が閉鎖：左心室筋が弛緩
　➡ 左心室内圧が低くなる。

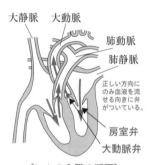

〔ヒトの心臓の断面〕

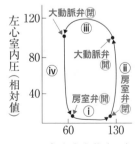

〔圧収縮曲線〕

EXERCISE 32 ●ヒトの心臓

　心臓は，心房と心室が交互に収縮と弛緩をすること(拍動)で血液を送り出すポンプである。図1は，ヒトの心臓を腹側から見た断面を模式的に示したものである。AとBの位置には，それぞれ弁が存在しており，Aの位置にある弁は心房の内圧が心室の内圧よりも高いときに開き，低いときに閉じる。図2は，一回の拍動における，全身に血液を送り出す体循環での動脈内，心室内，および心房内それぞれの圧力と，心室内の容量の変化を示したものである。

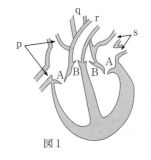

図1

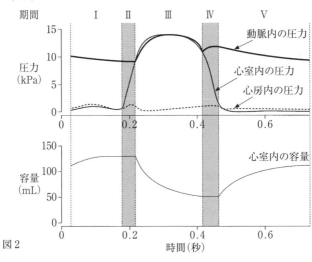

図2

問 1　図1の血管 p ～ s のうち，肺で酸素を取り込んで心臓に戻ってくる血液の循環(肺循環)を担っている血管を，次からすべて選べ。

① p　　② q　　③ r　　④ s

問 2　下線部について，心臓がポンプとしてはたらくためには，心臓に備わっている弁が，心房と心室の収縮と弛緩に連動した適切なタイミングで開閉する必要がある。図2に示した期間Ⅰ～Ⅴの中で，図1の弁Aが開いている期間として適当なものを，次から二つ選べ。

① 期間Ⅰ　　② 期間Ⅱ　　③ 期間Ⅲ

④ 期間Ⅳ　　⑤ 期間Ⅴ

(共通テスト第二日程・改)

解説 問2 「Aの位置にある弁は心房の内圧が心室の内圧よりも高いときに開き，低いときに閉じる」とある。図2のⅠとⅤの時期に心房内の圧力＞心室内の圧力となっているので，これだけで期間ⅠとⅤが答えであると決定できる。さらに，このときの心室内の容量を見ると他よりも高いことがわかり，このときに心房から血液が流入して容量が高まっていると考えても矛盾ない。

POINT 6　循環系と血管系

① 循環系：脊椎動物（ヒトなど）の場合，血管系とリンパ系から構成される。

② 血管：ヒトの血管系を構成する血管には，動脈・静脈・毛細血管がある。

　動脈：心臓から出る血液が通る。血圧を支える厚い筋肉の壁をもつ。

　静脈：心臓に戻る血液が通る。血液の逆流を防ぐ弁が備わる。

　毛細血管：動脈と静脈をつなぐ。一層の内皮細胞からなり，物質の出入りが容易。

2 リンパ系は，脊椎動物に特有に備わる循環系。

CHART　ヒトの循環系

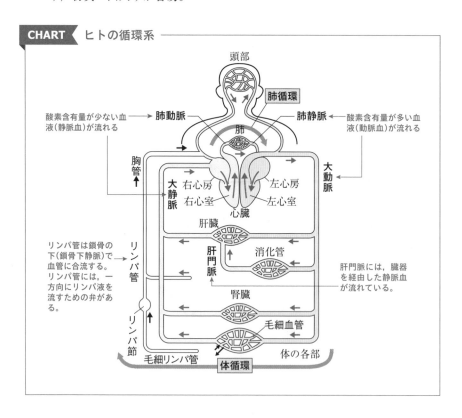

酸素含有量が少ない血液（静脈血）が流れる

酸素含有量が多い血液（動脈血）が流れる

頭部

肺循環

肺動脈　　肺静脈

肺

大動脈

胸管

大静脈

右心房　左心房
右心室　左心室
心臓

肝臓

リンパ管は鎖骨の下（鎖骨下静脈）で血管に合流する。リンパ管には，一方向にリンパ液を流すための弁がある。

リンパ管

肝門脈

消化管

肝門脈には，臓器を経由した静脈血が流れている。

腎臓

リンパ節

毛細血管

毛細リンパ管

体の各部

体循環

EXERCISE 33 ●血液循環

次の文中の空欄に最も適する語を，後の①～⑧から一つずつ選べ。

脊椎動物の体液の一つである血液は，心臓から送り出された後，
ア を通って毛細血管に至る。血液の液体成分である イ の一部は，
血管からしみ出て ウ となる。 ウ は，細胞に栄養分を供給したり，
細胞から老廃物を受け取ったりする。さらに， ウ の一部は エ に
入り， オ となる。毛細血管の血液は カ を通って心臓に戻る。

① 血清　　　　② 血しょう　　　③ 細胞液　　　④ 組織液
⑤ リンパ液　　⑥ リンパ管　　　⑦ 動脈　　　　⑧ 静脈

（センター試験追試・改）

解答 ア-⑦　イ-②　ウ-④　エ-⑥　オ-⑤　カ-⑧

解説 イ．血しょうと血清の区別は重要（p. 99 PLUS 血液凝固の詳しいしくみ
を参照）。

PLUS **ヘモグロビンによる酸素の運搬**

① **ヘモグロビン**：肺やえらで取り込まれた空気中の酸素（O_2）は，赤血球中
に含まれる色素タンパク質であるヘモグロビン（Hb）と結合して，組織に運搬される。

② **酸素濃度の影響**：Hb は，酸素濃度が高いときは O_2 と結合して酸素ヘモグロビン
（HbO_2）になりやすく，酸素濃度が低いときは O_2 を解離して再び Hb に戻りやすい。

③ **二酸化炭素濃度の影響**：同じ酸素濃度では，二酸化炭素（CO_2）濃度が高くなるほ
ど，HbO_2 は O_2 を解離しやすい。

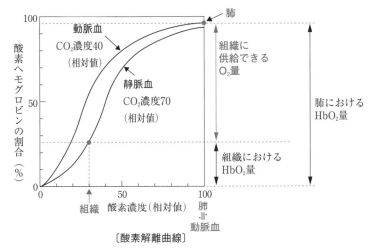

〔酸素解離曲線〕

① 肺では HbO_2 の割合が高く，組織では HbO_2 の割合が低い。

　➡ 多くの O_2 を肺から組織に供給することが可能となる。

② 肺において，血液中のすべての Hb が O_2 と結合するわけではない。

③ 組織に運ばれた HbO_2 のすべてが O_2 を解離するわけではない。

④ 組織に供給される酸素量は，「肺における HbO_2 量－組織における HbO_2 量」から求められる。

EXERCISE 34 ●ヘモグロビンの酸素解離曲線

　ある人が富士山に登ったところ，山頂付近（標高3770 mの地点）で息苦しさを感じた。そこで，光学式血中酸素飽和度計（パルスオキシメーター）を使って動脈血中の酸素が結合したヘモグロビン（HbO_2）の割合を計測すると，80%だった。図1を踏まえて，山頂付近における(1)動脈血中の酸素濃度（相対値）と，(2)動脈血中の HbO_2 のうち組織で酸素を解離したものの割合の数値として最も適当なものを，後の①～⑥からそれぞれ一つずつ選べ。なお，山頂付近における組織の酸素濃度（相対値）は20であるとする。

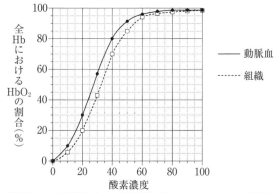

図1 （平地における動脈血中の酸素濃度を100としたときの相対値）

① 30　　② 40　　③ 60　　④ 75　　⑤ 80　　⑥ 95

（共通テスト本試）

解答 (1) ②　　(2) ④

解説 (1) 動脈血中の HbO_2 の割合が80%なので，図1で全 Hb における HbO_2 の割合が80%のところの酸素濃度を読み取ると40である。

(2) 山頂付近の組織の酸素濃度が20なので，図1で酸素濃度が20のところの全 Hb における HbO_2 の割合を読み取ると20% である。問われているのは，「動脈血中の HbO_2 のうち組織で酸素を解離したものの割合」なので，

$$\frac{\text{動脈血中の}HbO_2\text{の割合}-\text{組織における}HbO_2\text{の割合}}{\text{動脈血中の}HbO_2\text{の割合}}\times100$$

$$=\frac{80-20}{80}\times100=75(\%) \quad \text{となる。}$$

$80-20=60(\%)$ では，「全 Hb のうちの組織で酸素を解離したものの割合」になってしまう。割合を求める計算問題では，分母が何なのかに注意しよう。

PLUS 血管系の分類

　軟体動物の貝のなかまや節足動物(昆虫，エビ)は毛細血管がなく，動脈の末端から出た血液は細胞間を流れた後に静脈を経て心臓に戻る。このような血管系を**開放血管系**という。開放血管系に比べて，ヒトなどの脊椎動物がもつ**閉鎖血管系**は，からだが大型化しても末端まで効率的に血液を循環させることができる。

SUMMARY & CHECK

① 体液の1つである血液は，血しょうと有形成分に分けられる。有形成分には，赤血球・白血球・血小板がある。

② 血液凝固の際には，血小板などからの凝固因子や，カルシウムイオンがはたらいてフィブリンを生成し，血球を絡めて血ぺいができ，止血する。血ぺいを溶解して取り除くはたらきを線溶という。

③ ヒトの血管系は，動脈と静脈の間が毛細血管でつながれている。心臓の右心室に始まり肺動脈を経て肺をめぐり，肺静脈を経て左心房に終わる血液循環では，肺で酸素を血液中に取り込む。また，心臓の左心室に接続する大動脈を経て全身をめぐり，静脈が集合した大静脈を経て右心房に終わる血液循環では，全身に酸素を供給する。

④ 全身をめぐる体循環では，動脈中に動脈血，静脈中に静脈血が流れるが，肺循環では，肺動脈中に静脈血，肺静脈中に動脈血が流れる。

⑤ 赤血球中のヘモグロビンは肺で酸素と結合する。動脈血として組織に流入した血液は毛細血管からしみ出して組織液となり，酸素のほか栄養分などを細胞に与える。

THEME 11　肝臓・腎臓
Liver and Kidneys

🔦 **GUIDANCE**　肝臓はさまざまなはたらきをもち，体内の一大化学工場とも呼ばれる。また，腎臓は尿生成を通じて体内環境の安定化に重要な役割を果たす。肝臓と腎臓について学ぼう。

POINT 1　肝臓と周辺構造との接続

① **肝臓に接続する血管**：肝臓に血液を運び込む血管は，**肝動脈**と**肝門脈**[→1]の２本。

　　肝動脈には**動脈血**，肝門脈には消化器(小腸など)やひ臓[→2]を流れた**静脈血**が流れる。

　　肝臓から血液を運び出す血管は，**肝静脈**の１本だけ。

② **胆管**：肝臓で生成した**胆汁**(**胆液**)を**胆のう**へ，さらに**十二指腸**[→3]へと運ぶ管を**胆管**という。

[1] 毛細血管が合流してできた静脈が，再び毛細血管に分かれる場合，この毛細血管と毛細血管の間の静脈を門脈という。
[2] 体内最大のリンパ系の器官。
[3] 小腸の起始部を十二指腸といい，すい臓からのすい液と胆汁が放出される。

CHART　肝臓と周辺構造のつながり

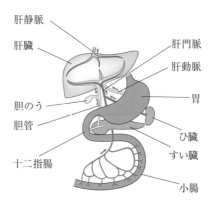

肝静脈
肝臓
肝門脈
肝動脈
胆のう
胃
胆管
ひ臓
すい臓
十二指腸
小腸

消化：胃や小腸で，食物が消化酵素による消化を受ける。
吸収：主に小腸で，グルコースなどの栄養分が血管内へ吸収される。
肝臓への運搬：小腸などで吸収された栄養分は，肝門脈を通って肝臓へ運ばれる。

POINT 2 肝臓のはたらき

① **血糖濃度の調節**：血液中のグルコースは，肝細胞で**グリコーゲン**として貯蔵される。また，低血糖になるとグリコーゲンが分解され，再び**グルコース**として血液中に放出される。

② **胆汁の生成**：胆汁は，十二指腸に分泌されて脂肪を乳化する。その結果，脂肪を分解する酵素であるリパーゼのはたらきを助ける。

PLUS その他の肝臓のはたらき

① **血しょうタンパク質の合成**：血管内の水の保持や物質運搬にはたらくアルブミン，血液凝固に関係するフィブリンに変化するタンパク質などの血しょうタンパク質の多くは，肝臓で合成される。

② **尿素の合成**：タンパク質やアミノ酸の分解に由来する有害なアンモニアは，肝臓で毒性の低い尿素に変えられる。

③ **解毒作用**：アルコールのような毒物を，酵素によって分解する。

④ **赤血球の破壊**：肝臓やひ臓は，古くなった赤血球を破壊する。破壊した赤血球に含まれていたヘモグロビンからは，ビリルビンができる。ビリルビンは胆汁中に入り，十二指腸に放出されて便とともに体外に排泄される。

⑤ **温熱の産生**：肝臓で進行する代謝(異化作用)に伴って発生する温熱は，体温維持に役立つ。筋肉(骨格筋)からも多くの熱が産生される。

EXERCISE 35 ●肝臓のはたらき

ヒトの肝臓の機能に関する記述として**適当でないもの**を，次から一つ選べ。

① 血しょうに含まれるタンパク質を合成する。

② グルコースをグリコーゲンとして貯蔵する。

③ アンモニアを尿素につくり変える。

④ 血中の主要な無機塩類の濃度を調節する。

⑤ 胆汁を生成する。

(センター試験追試)

....

解答 ④

解説 ④は腎臓のはたらき。

ヒトの腎臓は，左右一対（2個）存在する。

① **腎臓に接続する管**：1個の腎臓には，2本の血管（**腎動脈**と**腎静脈**）と，**輸尿管**が接続する。

② **腎臓の構成**：1つの腎臓には，**約100万個のネフロン**（**腎単位**）が含まれる。

腎小体（**マルピーギ小体**）：毛細血管からなる**糸球体**が，**ボーマンのう**に包まれている。

腎小体 ＝ 糸球体＋ボーマンのう

ネフロン（**腎単位**）：ネフロンは腎臓のはたらきの最小単位で，**腎小体**と，これに接続する**細尿管**（**腎細管**）からなる。

ネフロン＝腎小体＋細尿管

③ **尿の排出**：腎臓で生成した尿は，細尿管 ⟶ **集合管** ⟶ **腎う** ⟶ 輸尿管 ⟶ **ぼうこう** を経て，体外へ排出される。

> **4** 腎臓の外側領域を皮質，内側領域を髄質と呼ぶ。皮質から髄質にかけてネフロンが存在する。

> **5** 細尿管の周囲には毛細血管が存在し，再吸収にはたらく。

> **6** 一旦ぼうこうに貯留された尿は，尿道を通って体外へ排出される。

CHART ヒトの腎臓の構造

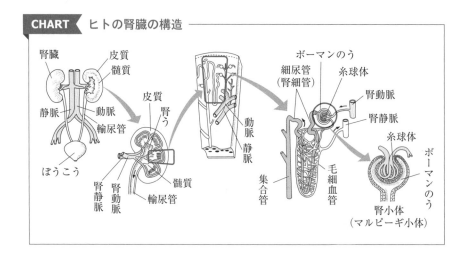

POINT **4** 腎臓のはたらき

① **老廃物の排出**：尿を排出し，体内で生じた不要な物質を体外へ捨てる。

② **体液塩類濃度の調節**：体液の塩類濃度が上昇したり，体液量が減少したりしたときには，生成する尿量を減らす。反対に，体液の塩類濃度が下降したり，体液量が増加したりしたときには，生成する尿量を増やす。

➡ 体液の塩類濃度や体液量を安定させることができる。

POINT 5 尿生成のしくみ

不要な物質を排出し，体液の塩類濃度を調節するために，腎臓はろ過と再吸収を通じて尿を生成する。

① **ろ過**：血圧によって，**糸球体**を流れる血液の血しょう成分のうち，小さな分子が**ボーマンのう**へとこし出される（ろ過）。こし出された液体が原尿である。

② **再吸収**：原尿のうち，必要な物質は**細尿管**と**集合管**で積極的に周囲の毛細血管へ再吸収され，不要な物質の濃度が高まった尿がつくられる。

CHART 尿生成のしくみ

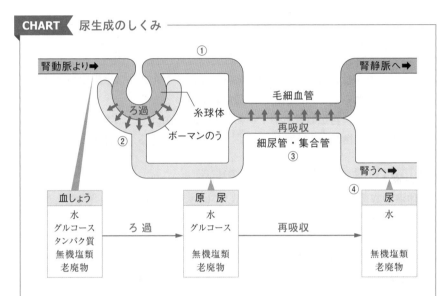

① **血管中にすべて残るもの**：構造として**大きなもの** ⟶ 血球，タンパク質。

② **原尿にこし出される物質**：**小さな分子**は血しょうと等しい濃度で原尿に入る ⟶ 水，グルコース，無機塩類（Na^+ など），老廃物（尿素など）。

③ **再吸収される物質**：基本的に**必要なもの** ⟶ 水のほとんど，グルコースのすべて，無機塩類のほとんど，老廃物の一部。

④ **尿中に入る物質**：基本的に**不要なもの** ⟶ 水のごく一部，無機塩類のごく一部，老廃物の多く。

③ **血しょう，原尿，尿中の各物質の割合**：以上の尿生成の基本的なしくみを
踏まえると，次の表が理解できる。

〔血しょう，原尿，尿中の各物質の割合〕

	血しょう(%)	原尿(%)	尿(%)	濃縮率 $\left(\dfrac{尿中濃度}{血しょう中濃度}\right)$
水	92	99	95	1
グルコース	0.1	0.1	0	0
タンパク質	7	0	0	0
Na^+	0.3	0.3	0.3	1
尿素	0.03	0.03	2	67
イヌリン	0.025	0.025	3	120

・ <u>タンパク質</u>はこし出されないために，また，**グルコースは原尿中の全量が
再吸収**されるために，いずれも**尿中濃度＝<u>0</u>** となる。

・ Na^+ のように**再吸収されやすい**物質は濃縮率が<u>低く</u>，尿素のように**再吸収
されにくい**物質は濃縮率が<u>高い</u>（尿素は老廃物であるが一部再吸収される）。

POINT 6 体液成分の組成とその維持

① **体液の成分**：ヒトの体液（細胞外液）には，無機塩類のう
ち Na^+ や Cl^- が多く含まれる。アルブミンやグルコース
のような有機物も含まれる。

> [7] 細胞膜に備わるは
> たらきによって，細
> 胞内液には Na^+ は
> 少なく，K^+ が多く
> 含まれる。

② **体液成分の組成の維持**：腎臓や肝臓が機能することで体
液成分の組成が<u>一定</u>に保たれ，細胞は安定した生命活動を営むことができる。

PLUS 体液の塩類濃度と細胞膜のはたらき

① **細胞膜の性質**：細胞膜には，溶媒（水）は通すが溶質（無機塩類）はほとん
ど通さないような微細な孔が開いていると考えることができる。そのため，さま
ざまな塩類濃度の溶液に細胞を浸すと，濃度差に応じて水の移動が起こる。

② **高濃度の溶液中**：塩類濃度の高い溶液は水の濃度が低いともいえ，細胞内から溶
液へ濃度差によって水が流出する。

➡ 細胞は脱水して収縮する。

③ **低濃度の溶液中**：塩類濃度の低い溶液は水の濃度が高いともいえ，溶液から細胞
内へ濃度差によって水が浸入する。

➡ 細胞は吸水によって膨張（極端な低濃度の外液中では破裂）する。

④ **水の移動がない溶液の濃度**：ヒトの細胞（赤血球など）の場合，約0.9 % の食塩水
（生理食塩水）中ではほとんど水の移動がなく，体内にあったときの細胞形態が維
持される。

➡ 体液の塩類濃度を一定の範囲に維持することで，細胞の形態や機能が保たれる。

POINT 7　ホルモンによる再吸収の調節

① **体液塩類濃度上昇時の応答**：体液の塩類濃度が上昇した
ときは，バソプレシン[8]の分泌が<u>促進</u>されて，**集合管からの
水の再吸収が**<u>促進</u>される。その結果，**生成される尿量は**<u>減
少</u>する。

[8]脳下垂体後葉から
分泌されるホルモ
ン。

② **体液塩類濃度低下時の応答**：体液の塩類濃度が低下した
ときは，バソプレシンの分泌が<u>抑制</u>されて，集合管からの
水の再吸収が<u>抑制</u>される。その結果，生成される尿量は<u>増
加</u>する。<u>鉱質コルチコイド</u>[9]は，腎臓における Na^+ の**再吸
収**とそれに伴う<u>水</u>の**再吸収を促進**する作用を示す。

[9]副腎皮質から分泌
されるホルモン。間
接的に体液量を増加
させる。

✚ PLUS　人工透析

　　腎臓の機能が，感染症，糖尿病，高血圧などによって低下することがある。
その結果，尿素などの老廃物が尿中に排出できず，体液中に蓄積してしまう。この
ような患者では，血管から採った血液を人為的に微細な孔のある膜をもつ装置に導
き，尿素などの老廃物を取り除いてからだに戻す人工透析を行う。これは，腎
臓の機能に代わるものであるといえる。

- -

TECHNIQUE　尿生成に関係する計算

　尿生成を題材とした，次のような問題がある。

原尿量の求め方

① ろ過される物質では，

　　　　血しょう中の濃度＝原尿中の濃度　…ⓐ

　　原尿量を求めるには，原尿へとこし出されるが，**再吸収
されない物質**である**イヌリン**[10]を利用することが多い。イヌ
リンについても，「血しょう中の濃度＝原尿中の濃度」と
考えられる。

[10]クレアチニンやマ
ンニトールなどもイ
ヌリンとよく似た振
る舞いを示すため，
これらの濃縮率など
から原尿量を計算す
ることもある。

② ある一定時間でつくられた原尿中に含まれるイヌリンの
全量は，全く再吸収されないため，同じ時間でつくられた
尿中にそのまま含まれる。

$$\underbrace{\left(\begin{array}{c}\text{イヌリンの}\\\text{原尿中濃度}\end{array}\right)\times \text{原尿量}}_{\text{原尿中のイヌリン量}}=\underbrace{\left(\begin{array}{c}\text{イヌリンの}\\\text{尿中濃度}\end{array}\right)\times \text{尿量}}_{\text{尿中のイヌリン量}}\quad ⓑ$$

③ ⓑの式を変形すると，次のようになる。

$$原尿量＝尿量×\frac{イヌリンの尿中濃度}{イヌリンの原尿中濃度} \quad …ⓒ$$

④ 尿中での濃度が，血しょう中での濃度の何倍に濃くなったかを**濃縮率**といい，次の式で求められる。

$$濃縮率＝\frac{尿中濃度}{血しょう中濃度} \quad …ⓓ$$

ⓐより，「血しょう中の濃度＝原尿中の濃度」と考えてよいから，ⓓは，

$$濃縮率＝\frac{尿中濃度}{原尿中濃度} \quad …ⓔ$$

と表せる。これを用いると，ⓒは，

> **原尿量＝尿量×イヌリンの濃縮率** →11

11 濃縮率
$$＝\frac{尿中濃度}{血しょう中濃度}$$
だが，血しょうから原尿へ等濃度でろ過される物質ならば，血しょう中濃度は原尿中濃度に等しく，
濃縮率
$$＝\frac{尿中濃度}{原尿中濃度}$$
となる。

再吸収量の求め方

原尿中に含まれる量と尿中に含まれる量の差分が，再吸収された量である。

> 再吸収量＝原尿中量－尿中量

再吸収率(%)の求め方

原尿中に含まれた量に対する再吸収された量の割合が再吸収率(%)である。

$$再吸収率(\%)＝\frac{再吸収量}{原尿中量}×100$$

EXERCISE 36 ● 尿生成に関係する計算・ホルモンによる再吸収の調節

腎臓では，まず(a)血液が糸球体でろ過されて原尿が生成される。その後，水分や塩類など多くの物質が血中に再吸収されることで，尿がつくられている。その際，尿中のさまざまな物質は濃縮されるが，その割合は物質の種類によって大きく異なっている。表1は，健康なヒトの静脈に多糖類の一種であるイヌリンを注入した後の，血しょう，原尿，および尿中の主な成分の質量パーセント濃度を示している。(b)副腎皮質から分泌された鉱質コルチコイドがはたらくと，原尿からのナトリウムイオンの再吸収が促進され，恒常性が維持されている。なお，イヌリンは，すべて糸球体でろ過されると，細尿管では分解も再吸収もされない。また，尿は毎分1mL生

成され，血しょう，原尿，および尿の密度は，いずれも 1g/mL とする。

表 1

成　分	質量パーセント濃度(%)		
	血しょう	原　尿	尿　中
タンパク質	7	0	0
グルコース	0.1	0.1	0
尿　素	0.03	0.03	2
ナトリウムイオン	0.3	0.3	0.3
イヌリン	0.01	0.01	1.2

問 1　下線部(a)について，表1から導かれる，1分間あたりに生成される原尿の量として最も適当な数値(mL)を次から一つ選べ。
① 0.008　　② 1　　③ 60　　④ 120　　⑤ 360

問 2　下線部(b)について，表1から導かれる，1分間あたりに再吸収されるナトリウムイオンの量として最も適当な数値(mg)を次から一つ選べ。
① 1　　② 60　　③ 118　　④ 357　　⑤ 420

問 3　下線部(b)に関連して，鉱質コルチコイドの作用に関する次の文中の空欄に入る語句として最も適当なものを，後の①〜④からそれぞれ一つずつ選べ。ただし，同じものを繰り返し選んでもよい。

　　鉱質コルチコイドの作用でナトリウムイオンの再吸収が促進されると，尿中のナトリウムイオン濃度は　ア　なる。このとき，腎臓での水の再吸収量が　イ　してくると，体内の細胞外のナトリウムイオン濃度が維持される。その結果，徐々に体内の細胞外液(体液)の量が　ウ　し，それに伴って血圧が上昇してくると考えられる。

① 低く　　② 高く　　③ 増加　　④ 減少

（共通テスト第二日程・改）

....

解答　問 1　④　　問 2　④　　問 3　ア-①　イ-③　ウ-③

解説　**問 1**　原尿量＝尿量×イヌリンの濃縮率

$$= 1(\mathrm{mL/分}) \times \frac{1.2(\%)}{0.01(\%)}$$

$$= 120(\mathrm{mL/分})$$

問 2　$\mathrm{Na^+}$ の再吸収量＝$\mathrm{Na^+}$ の原尿中量 − $\mathrm{Na^+}$ の尿中量

$$= 120(\mathrm{g}) \times \frac{0.3}{100} - 1(\mathrm{g}) \times \frac{0.3}{100}$$

原尿量　$\mathrm{Na^+}$の原尿中濃度　　尿量　$\mathrm{Na^+}$の尿中濃度

$$= 0.357(\mathrm{g}) = 357(\mathrm{mg})$$

問3 鉱質コルチコイドの作用でナトリウムイオンの再吸収が促進されれば，それに伴って水の再吸収量も増加する（p. 112 PLUS 参照）。その結果，体液量の増加が引き起こされる。体液の塩類濃度の調節には，**鉱質コルチコイドとバソプレシンの協調**が重要である。

TECHNIQUE ろ過量，再吸収量，排出量のグラフ

① グルコースの原尿中量（ろ過量）は，血糖濃度に比例的に増加する。

② 健常者の血糖量（100 mg/血しょう100 mL 程度）では，ろ過されたグルコースの全量が再吸収される。

③ グルコースの再吸収能力には限界があり，極端な高血糖では尿の中に糖が排出される糖尿が発生する。

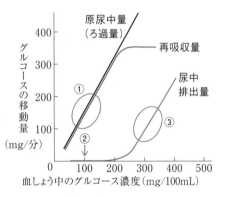

EXERCISE 37 ●血糖量とグルコースの移動量

　腎臓で原尿から尿が生成される過程において，原尿中の物質の再吸収量は血液中のその物質の濃度と関係する。血液中の血糖量がある値になるまで，原尿中のグルコースはすべて再吸収され，尿には排出されない。しかし，血糖量がその値以上になると，グルコースは尿に排出されはじめ，再吸収量は増加した後一定の値となる。

　血液中の血糖量とグルコースの移動量（a：原尿への移動量，b：原尿からの再吸収量，c：尿への排出量）との関係を表すグラフとして最も適当なものを，次の①〜⑥から一つ選べ。

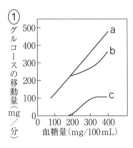
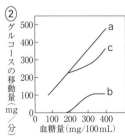
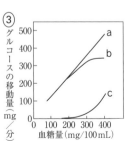

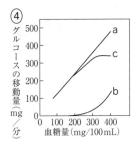

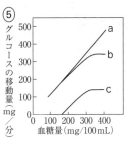

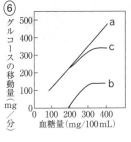

(センター試験本試・改)

解答 ③

解説 健常者の血糖量（100 mg/100 mL）程度では，尿中にグルコースは排出されないので，②，④，⑥は間違いとわかる。おおよそ健常者の倍程度の血糖量以上では，ろ過されたグルコースの全量を再吸収することが難しくなり（bの値が頭打ちになる③か⑤のいずれかが正解），再吸収できなかったグルコースは尿中へ排出されるようになる。この状態では，グルコースの原尿への移動量が増加するにつれて，尿への排出量は増加していくはずだから，③が正解とわかる。

 SUMMARY & CHECK

① 肝臓は胆汁の生成のほか，<u>グリコーゲン</u>を貯蔵して<u>血糖濃度</u>の調節にはたらく。

② 腎臓は，<u>尿</u>を生成し，<u>尿素</u>などの老廃物を排出し過剰な水を捨てるほか，体内から水が失われた際には尿量を減じて体液の<u>塩類濃度</u>を維持する。

③ 腎臓の尿生成にはたらく機能的単位は，<u>ネフロン</u>（<u>腎単位</u>）である。血圧によって，分子構造の大きさに基づく<u>ろ過</u>が起こり<u>原尿</u>ができる。次いで原尿中の有用成分が<u>再吸収</u>されて尿ができる。

12 自律神経系
Autonomic nervous system

> **GUIDANCE** 体内環境は，我々の意志とは無関係に一定の範囲に維持されている。それは，自律神経系と内分泌系が密接にはたらくことで実現されている。ここでは，そのうちの自律神経系について学ぼう。

POINT 1 脊椎動物(ヒト)の神経系

① **神経系**：神経系は，ニューロン(神経細胞)から構成されるネットワークである。<u>中枢神経系</u>と<u>末梢神経系</u>に大きく分けられる。

② **中枢神経系と末梢神経系**：中枢神経系とは<u>脳</u>と<u>脊髄</u>のこと。末梢神経系には<u>体性神経系</u>と<u>自律神経系</u>がある。

③ **体性神経系と自律神経系**：体性神経系は運動に関係する<u>運動神経</u>，感覚に関係する<u>感覚神経</u>を含む。無意識下で体内環境の維持にはたらくのが<u>交感神経</u>と<u>副交感神経</u>をまとめた自律神経系である。

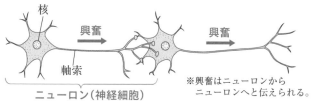

※興奮はニューロンからニューロンへと伝えられる。

〔ニューロン(神経細胞)と興奮の伝達〕

POINT 2 ヒトの中枢神経系

(1) ヒトの中枢神経系

ヒトの中枢神経系は，<u>脳</u>と<u>脊髄</u>からなる。ヒトの脳は，大脳・小脳・間脳・中脳・延髄に分けられる。脊髄は，からだの各部と脳を連絡する[1]。

[1] 脊髄反射(膝蓋腱反射など)の中枢としてもはたらく。

(2) 脳の各部位のはたらき

① **大脳**：視覚や聴覚のような<u>感覚</u>，<u>随意運動</u>，記憶，思考，創造などの高等な精神活動などの中枢。

② **小脳**：<u>筋肉運動</u>の調節，からだの<u>平衡</u>を保つ中枢。

③ **間脳**：<u>視床</u>と<u>視床下部</u>に分けられる。視床下部は自律神経系の中枢であり，<u>体温，血糖濃度などの維持に重要</u>[2]。

[2] 視床下部は，恒常性の中枢とも表現される。

④ **中脳**：<u>姿勢</u>の保持，<u>瞳孔反射</u>$\overset{\boxed{3}}{\to}$の中枢。

⑤ **延髄**：<u>呼吸運動，心拍調節の中枢</u>$\overset{\boxed{4}}{\to}$。

❸大脳が関係しない，無意識的な運動。

❹血液中の二酸化炭素濃度を感知して，呼吸や心拍の調節を行う。

CHART ヒトの神経系

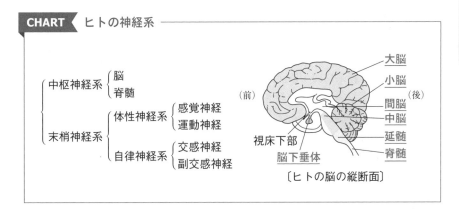

〔ヒトの脳の縦断面〕

POINT 3 脳 死

① **脳幹**：間脳・中脳・延髄を<u>脳幹</u>といい，生命維持に重要な役割を果たす。

② **脳死**：脳幹を含む脳全体が機能消失し，回復の可能性がない状態。人工呼吸器や薬剤を用いないと，やがて心停止に至る。

③ **植物状態**：大脳の機能が停止しても，脳幹の機能が維持されていて，自発呼吸や心臓拍動が可能である状態。

④ **死と臓器移植**：日本では，一般に心停止をもってヒトの死とする。その一方，本人の意思や家族の承諾によって，臓器移植の場合に<u>脳死</u>をもって死と判断して臓器提供を行える法整備が進んでいる。

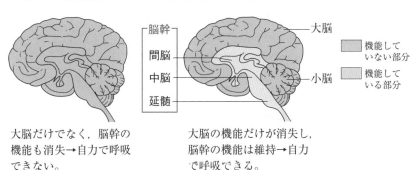

大脳だけでなく，脳幹の機能も消失→自力で呼吸できない。

〔脳死〕

大脳の機能だけが消失し，脳幹の機能は維持→自力で呼吸できる。

〔植物状態〕

EXERCISE 38 ●神経系

問 1 神経系に関する記述として正しいものを，次からすべて選べ。

① ヒトの神経系は，ニューロンと呼ばれる細胞から構成されている。

② 体性神経系は，感覚神経と運動神経に分類される。

③ 体性神経と自律神経は，末梢神経系に分類される。

④ 自律神経系は交感神経と副交感神経に分類され，意識下ではたらく。

問 2 中枢神経系に関する記述として正しいものを，次からすべて選べ。

① 脳は中枢神経系に分類されるが，脊髄は中枢神経系ではない。

② 小脳，中脳，間脳をまとめて，脳幹と呼ぶ。

③ 延髄は，呼吸や心拍の調節にはたらく。

④ 小脳は，瞳孔反射や姿勢保持の中枢として重要である。

⑤ 大脳は，視覚や聴覚のような感覚の発生にはたらく。

問 3 ヒトの脳死や植物状態に関する記述として正しいものを，次からすべて選べ。

① 脳死や植物状態になると，自発的な呼吸が消失する。

② 植物状態のヒトでは，心臓の拍動は継続されている。

③ 人工呼吸器を用いても，脳死の場合にはすぐに心停止に至る。

④ 日本の場合，脳死の人体からの臓器提供は行われていない。

⑤ 脳死のヒトは，脳幹の機能は停止しているが，大脳は機能を失っていない。

- -

解答　**問 1** ①，②，③　　**問 2** ③，⑤　　**問 3** ②

解説　**問 1** ②　体性神経系は，自律神経系と対置される用語である。

④　自律神経系は無意識ではたらく。

問 2 ②　間脳・中脳・延髄をまとめて，脳幹と呼ぶ。

④　瞳孔反射や姿勢保持の中枢は，中脳である。

問 3 ①　脳死とは異なり，植物状態では自発的な呼吸がみられる。

POINT 4　自律神経系の分布

多くの器官・組織には，交感神経と副交感神経の両方がつながるが，一方しかつながっていない部位もある。副腎髄質や，体表面(立毛筋・皮膚の血管・汗腺)には，交感神経しか接続していない。

① **交感神経**：<u>脊髄</u>だけから出る。

② **副交感神経**：<u>中脳，延髄，脊髄</u>から出る。

CHART 自律神経系の分布

ほとんどの組織・器官には，交感神経と副交感神経の両方が接続している。

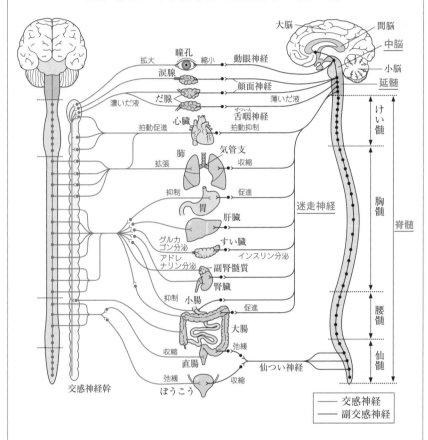

交感神経		副交感神経
<u>脊髄</u>から出る	⟺	<u>中脳・延髄・脊髄</u>から出る
中枢の近くで，ニューロンを乗り換える。	⟺	支配する組織・器官の直前や内部で，ニューロンを乗り換える。

CHAPTER 2　体内環境

多くの場合，1つの器官は交感神経と副交感神経の双方の支配を受け，それぞれは拮抗的(互いに反対の作用)にはたらく。

① **交感神経の作用**：からだを興奮状態に導く。

② **副交感神経の作用**：からだを休息状態に導く。

CHART 自律神経系のはたらき

組織・器官		交感神経	副交感神経
眼	ひとみ(瞳孔)	拡大	縮小
皮膚	汗腺(発汗)	促進	—
	立毛筋	収縮(鳥肌)	—
循環	体表の血管	収縮	—
	心臓拍動	促進	抑制
	血圧	上昇	低下
呼吸	呼吸運動	速く・浅く	遅く・深く
	気管・気管支	拡張	収縮
消化	消化管の運動	抑制	促進
	消化液分泌	抑制	促進
ホルモン	すい臓	グルカゴン分泌	インスリン分泌
	副腎髄質	アドレナリン分泌	—
排尿	ぼうこう	弛緩	収縮(排尿促進)

※—は分布しない

EXERCISE 39 ●自律神経系の分布とはたらき

次ページの図1中のA，BおよびCは，ヒトの脳と脊髄から自律神経が出ているおよその部位を示したものである。

問1 交感神経が出る部位を，図1のA〜Cからすべて選べ。

問2　副交感神経が出る部位を図1のA～Cからすべて選べ。

問3　自律神経系に関する記述として最も適当なものを，次から一つ選べ。

① 自律神経系は，受容器(感覚器)や骨格筋を支配する末梢神経系である。

② 自律神経系の主たる中枢は，小脳である。

③ 交感神経は，瞳孔を縮小させる。

④ 交感神経の活動は，緊張時や運動時に高まっている。

⑤ 副交感神経は，すべての器官のはたらきを抑制する。

⑥ 副交感神経は，外部からの刺激を視床下部に伝える。

(センター試験・本試＋追試・改)

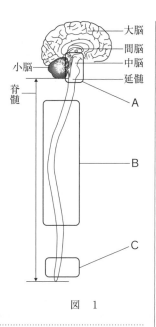

大脳
間脳
中脳
延髄
小脳
脊髄
A
B
C

図　1

解答 問1　B　　問2　A，C　　問3　④

解説 問2　心臓や消化器官の多くを支配する迷走神経(副交感神経)が，延髄から出ていることは重要。副交感神経は，脊髄の先端部分(仙髄)からも出ていることに注意。

問3　⑤　交感神経が促進的にはたらくことが多いのに対して，副交感神経は抑制的にはたらくことが多い。しかし，副交感神経は，消化管運動や消化液分泌については促進的にはたらく。

共通テストでは… 眺めるだけで満足しているような図版についても出題される。

PLUS　自律神経の作用様式

① **物質による情報伝達**：神経(ニューロンと呼ばれる細胞から構成される)は**電気的な信号**で情報を伝えるが，各器官に対しては，神経細胞の末端から放出される**情報を伝達する物質**(神経伝達物質)によって情報を伝え，はたらきかける。

② **神経伝達物質**：交感神経ではノルアドレナリン，副交感神経ではアセチルコリンが末端から放出される。

副交感神経による心臓拍動の調節

レーヴィ(ドイツ)は，2匹のカエルから心臓を取り出し，次ページのようにチューブでつないだ上で，心臓AからBの方向に体液と同じ塩類濃度になるように調節した溶液(リンガー液)を流し，心拍の調節を調べた。

実験：心臓Aにつながる副交感神経を電気刺激して，心臓A，Bの拍動を調べた。

結果：心臓A ⟶ 直ちに拍動数が減少した。

　　　　心臓B ⟶ 心臓Aに少し遅れて拍動数が減少した。

結論：心臓Aを支配する副交感神経から放出された物質（アセチルコリン）が，心臓Aに作用した後，溶液に乗って心臓Bにも作用した。

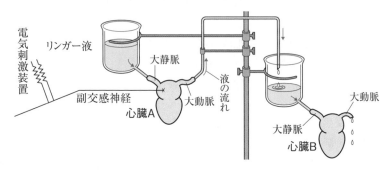

心臓Aにつながる交感神経を電気刺激した場合の心臓拍動への影響

結果：心臓A ⟶ 直ちに拍動数が増加する。

　　　　心臓B ⟶ 心臓Aに少し遅れて拍動数が増加する。

心臓Bにつながる交感神経や副交感神経を電気刺激した場合の心臓拍動への影響

結果：心臓A ⟶ 変化しない。

　　　　心臓B ⟶ 直ちに拍動数が増加（交感神経を刺激），または，拍動数が減少（副交感神経を刺激）する。

EXERCISE 40 ●自律神経の作用

　心臓の拍動の調節のしくみを調べるため，カエルの心臓を使って次の実験1〜4を行った（図1）。

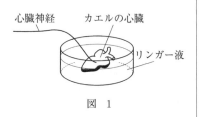

図 1

実験1　カエルの心臓の拍動は，2種類の自律神経である神経Xと神経Yを含む心臓神経で調節されている。カエルの心臓を心臓神経を付けた状態で取り出し，リンガー液中に浸したところ，心臓は拍動を続けた。

実験2　神経Yのはたらきを抑える化学物質をリンガー液に加えて心臓神経を電気刺激すると，拍動が遅くなった。この心臓を取り除き，拍動している別の心臓をこのリンガー液に浸したところ，その拍動も遅くなった。

実験3　神経Xのはたらきを抑える化学物質をリンガー液に加えて心臓神経を電気刺激したところ，拍動は速くなった。

実験4　心臓を直接電気刺激すると，刺激している間は拍動が乱れたが，刺激をやめると拍動はすぐに元にもどった。

問1　実験1〜4の結果を説明する記述として最も適当なものを，次から一つ選べ。

① 取り出した心臓がリンガー液中で拍動するには，常に神経Xと神経Yのはたらきが必要である。

② 電気刺激された神経Xを介して心臓が電気刺激され，拍動を遅くする化学物質が心臓から放出された。

③ 神経Xが電気刺激されたことにより，拍動を遅くする化学物質が神経Xから放出された。

④ 神経Xが電気刺激されたことにより，拍動を遅くする化学物質が神経Yから放出された。

⑤ 神経Xが電気刺激されたことにより，化学物質が神経Xから放出され，それが別の心臓の神経Yを刺激して拍動を遅くした。

問2　実験4で使ったリンガー液に，拍動している別の心臓を入れた場合にその心臓の拍動はどうなるか。**問1**での考察を前提に予想される結果として最も適当なものを，次から一つ選べ。

① 拍動はすぐに速くなるが，やがて元にもどる。

② 拍動はすぐに遅くなるが，やがて元にもどる。

③ 拍動はすぐに乱れるが，やがて元にもどる。

④ 拍動はすぐに遅くなり，やがて停止する。

⑤ 拍動はすぐには変わらない。

(センター試験本試・改)

解答　**問1**　③　　**問2**　⑤

解説　**問1**　神経Xはその興奮によって心臓の拍動を遅くさせる副交感神経，反対に，**神経Yはその興奮によって心臓の拍動を速くさせる交感神経**である。神経Xからは拍動を遅くさせる物質が，神経Yからは拍動を速くさせる物質が，それぞれ放出されて心臓に作用していると考えられる。

問2　実験4では心臓を電気刺激していて，神経XとYのいずれも刺激していない。

踏み台昇降運動

　健常な成人女性において，運動負荷が呼吸数，心拍数，体温に与える影響を調べた。運動前は十分長い間安静にし，踏み台昇降運動を2秒に1回の割合で2分間行った。右図は，運動前と運動直後から2分おきに呼吸数，心拍数，耳の鼓膜温度を測定した結果である。耳の鼓膜温度は，体温（深部体温）を示している。

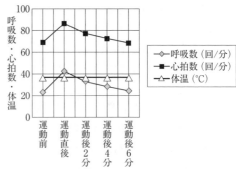

〔踏み台昇降による呼吸数，心拍数，体温の変化〕

　運動を行うと，足の筋肉を収縮するためのエネルギー源としてATPを必要とする。そのため，細胞内のミトコンドリアでの呼吸がよく進むようになり，血中の酸素濃度が低下して二酸化炭素濃度が上昇する。

　二酸化炭素濃度の上昇は延髄で感知され，交感神経系を介して心拍数や呼吸数を増加させる。その結果，酸素を豊富に含んだ血液が足の筋肉に供給されるようになる。

　呼吸や筋収縮に際して発生した熱は体表から放散されるため，ここでの軽微な運動では体温の上昇は認められない。

　このように人体には，からだのある部位の変化の情報が中枢に伝えられた後，別の部位へ伝えられ，からだの内部の状態が一定に維持されるしくみや性質が備わっている。

 SUMMARY & CHECK

① ヒトをはじめとする脊椎動物では，中枢神経系のうち**間脳の**視床下部が，自律神経系**の中枢**として重要な役割を果たす。

② 末梢神経系の1つである自律神経系は，興奮状態をつくり出す交感神経と，休息状態をつくり出す副交感神経に分類される。多くの場合，同一の器官に両方の自律神経が接続して，**互いに**拮抗的**な作用**を示す。

THEME 13 内分泌系
Endocrine system

🏛 **GUIDANCE**　自律神経系とともに，恒常性の維持に重要な役割を果たすのが内分泌系である。自律神経系が主に電気的に素早く信号を伝え短期的にはたらくのに対し，内分泌系ではホルモンと呼ばれる物質が体液を介して器官に対して遅効的・長期的に作用する。内分泌系について学んでいこう。

POINT 1　外分泌腺と内分泌腺

① **外分泌腺**：汗，乳のような分泌物を体外に分泌したり，だ液やすい液のような消化液を消化管内に分泌したりする<u>外分泌腺</u>には，<u>排出管</u>が備わっている。

② **内分泌腺**：ホルモンを<u>体液（血液）</u>中に分泌する<u>内分泌腺</u>は，**排出管をもたない**。

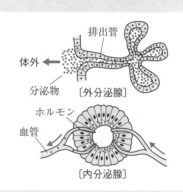

POINT 2　ホルモンの特徴

① それぞれのホルモンは，特定の<u>内分泌腺</u>から分泌される。

② 体液（血液）中に分泌されたホルモンは，血流に乗って全身を巡るが，特定の組織・器官にだけはたらくことが多い。[1]

③ あるホルモンが特定の組織・器官にだけ作用できるのは，<u>標的細胞</u>ないし<u>標的器官</u>が，そのホルモンとだけ**特異的**に結合して情報を受け取ることにはたらく<u>受容体</u>をもつからである。

④ ホルモンの成分には，タンパク質系の物質と，ステロイドと呼ばれる複合脂質系の物質がある。

[1] チロキシンや糖質コルチコイドなどのように，広範な組織に作用する（広範な組織がその受容体をもつ）ものもある。

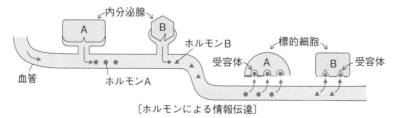

〔ホルモンによる情報伝達〕

ホルモン受容体の位置とはたらき

ホルモンは，細胞膜透過性がない水溶性ホルモン（ペプチドホルモン），細胞膜透過性がある脂溶性ホルモン（ステロイドホルモン）に分けられる。

① **水溶性ホルモン**：細胞膜上にある受容体に結合する。
➡ 細胞内で別の情報伝達物質を介して，酵素系の活性化を引き起こすことが多い。

② **脂溶性ホルモン**：一般に，細胞内にある受容体と結合する。
➡ 特定の遺伝子発現調節にはたらくことが多い。

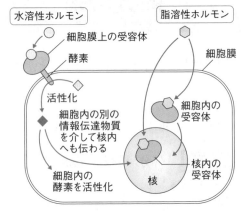

〔ホルモン受容体の位置とはたらき〕

EXERCISE 41 ●ホルモンの特徴

ホルモンに関する記述として**誤っているもの**を，次から一つ選べ。

① ホルモンは，血液中に分泌されて全身に運ばれる。
② 内分泌腺でつくられたホルモンは，排出管を通って分泌される。
③ ホルモンは，特定の器官に作用する。
④ ホルモンは，標的細胞にある受容体に結合することによって，その細胞のはたらきを変化させる。
⑤ 一種類のホルモンが，複数の標的器官に異なる作用を引き起こすことがある。

（センター試験本試・改）

....

解答 ②

解説 ③ 広範な組織に作用するホルモンもあるが，一般に特定の標的器官に作用するといってよい。
⑤ 例えばバソプレシンは，腎臓の集合管からの水の再吸収を促進する作用をもつが，血管の筋肉を収縮させて血圧を上昇させる作用も示す。

POINT 3 ヒトの主な内分泌腺とホルモン

ヒトの主な内分泌腺とホルモンのはたらきは以下の通り。正確に覚えよう。

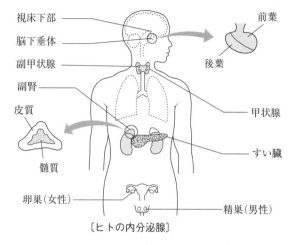

〔ヒトの内分泌腺〕

〔ヒトの主なホルモン〕

内分泌腺			ホルモン名	主な作用
間脳 視床下部			脳下垂体前葉の<u>放出ホルモン</u>と<u>放出抑制ホルモン</u>	脳下垂体前葉ホルモンの分泌の促進または抑制
脳下垂体	前葉		成長ホルモン	<u>タンパク質</u>の合成促進
			甲状腺刺激ホルモン	甲状腺の発育，<u>チロキシン</u>の分泌促進
			副腎皮質刺激ホルモン	<u>糖質コルチコイド</u>の分泌促進
	後葉		バソプレシン（抗利尿・血圧上昇ホルモン）	血管の収縮促進→血圧<u>上昇</u> 腎臓における<u>水</u>の再吸収促進
甲状腺			チロキシン（甲状腺ホルモン）	<u>代謝</u>の促進，成長・分化の促進 ※両生類(カエルなど)の変態促進
副甲状腺			パラトルモン	血液中の Ca^{2+}(カルシウムイオン)濃度の上昇
副腎	髄質		アドレナリン	グリコーゲンの分解促進→<u>血糖濃度の上昇</u> 交感神経のはたらきを促進(心臓拍動の増加・血圧上昇)
	皮質		糖質コルチコイド	タンパク質からの糖の生成促進→<u>血糖濃度の上昇</u>
			鉱質コルチコイド	腎臓で Na^+(ナトリウムイオン)の再吸収と K^+(カリウムイオン)の排出を促進，組織への<u>水</u>の吸収促進
すい臓 ランゲルハンス島	A細胞	グルカゴン		グリコーゲンの分解促進→<u>血糖濃度の上昇</u>
	B細胞	インスリン		糖からの<u>グリコーゲン</u>の合成を促進 細胞での糖の分解の促進→<u>血糖濃度の低下</u> ※少ないと糖尿病になる

EXERCISE 42 ●内分泌腺とホルモン

　恒常性の維持にはたらく次のア～カのホルモンは，図1のX～Zのどの部分にある内分泌器官から主に分泌されているか。それぞれ図中のX～Zから一つずつ選べ。

ア．副腎皮質刺激ホルモン

イ．パラトルモン

ウ．インスリン

エ．鉱質コルチコイド

オ．バソプレシン

カ．成長ホルモン

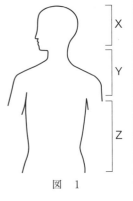

図　1

（センター試験追試・改）

解答　ア－X　イ－Y　ウ－Z　エ－Z　オ－X　カ－X

解説　ア－脳下垂体前葉，イ－副甲状腺，ウ－すい臓ランゲルハンス島B細胞，エ－副腎皮質，オ－脳下垂体後葉，カ－脳下垂体前葉から，それぞれ分泌される。

POINT 4　視床下部と脳下垂体

　ホルモン分泌を調節する上で中心的な役割を果たすのが，間脳の視床下部と，その下方に垂れ下がるように位置している脳下垂体である。

① 視床下部：自律神経系の中枢であると同時に，内分泌腺からのホルモン分泌を制御する内分泌系の中枢でもある。視床下部にある，ホルモンを分泌する神経細胞を神経分泌細胞という。

② 神経分泌細胞：神経分泌細胞（一種のニューロン）からのホルモンの分泌を神経分泌という。神経分泌細胞で合成されたホルモンは，次の異なる2つの経路で脳下垂体に運ばれる。

　　血流による運搬：視床下部内で毛細血管に分泌されたホルモン（各種の放出ホルモン・放出抑制ホルモン）は，脳下垂体前葉まで血液によって運ばれて，前葉からの他のホルモンの分泌を調節する。

　　神経分泌細胞自身による運搬：神経分泌細胞のなかには，長い突起を脳下垂体後葉まで伸ばしているものがある。これによってホルモン（バソプレシン）を後葉まで運び，後葉部分で貯蔵・分泌する。

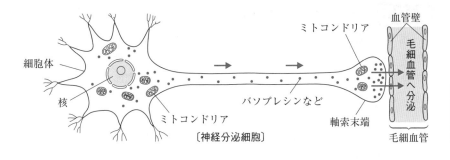

細胞体

核

ミトコンドリア

〔神経分泌細胞〕

ミトコンドリア

バソプレシンなど

軸索末端

血管壁

毛細血管へ分泌

毛細血管

③ **脳下垂体**：<u>視床下部</u>の下につながった内分泌腺で，前葉・中葉・後葉から
なる。

前葉：前葉自身での**ホルモン合成ができる**。<u>成長ホルモン</u>の他に，<u>甲状腺刺
激ホルモン</u>や<u>副腎皮質刺激ホルモン</u>などの<u>刺激ホルモン</u>を放出し，内分泌
腺からのホルモン分泌を調節する。前葉からの刺激ホルモンの分泌は，<u>視
床下部</u>から分泌される<u>放出ホルモン</u>や<u>放出抑制ホルモン</u>によって調節され
る。

後葉：後葉自身で**ホルモン合成はできず**，<u>視床下部</u>の<u>神経分泌細胞</u>が合成し
たホルモンを貯蔵・分泌する。<u>バソプレシン</u>など。

CHART 脳下垂体

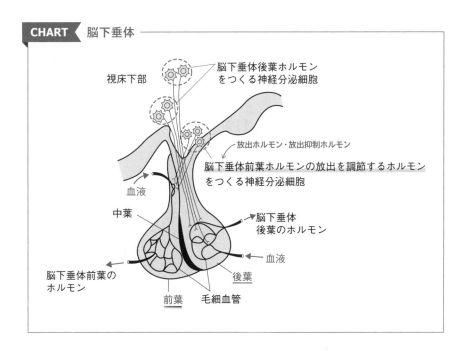

視床下部

脳下垂体後葉ホルモン
をつくる神経分泌細胞

放出ホルモン・放出抑制ホルモン

脳下垂体前葉ホルモンの放出を調節するホルモン
をつくる神経分泌細胞

血液

中葉

脳下垂体
後葉のホルモン

血液

脳下垂体前葉の
ホルモン

<u>後葉</u>

<u>前葉</u> 毛細血管

一連の反応の最終産物や最終的な効果が，前の段階に戻って作用を及ぼすことを<u>フィードバック</u>といい，ホルモン分泌調節では重要な役割を果たす。ホルモンは微量で大きな効果を示すため，厳格に血中濃度を調節する必要がある。

多くのホルモンは，<u>負のフィードバック調節</u>（最終産物が多くなると，それを少なくするように，反対に，最終産物が少なくなると，それを多くするように調節する）で分泌量が調節されている。恒常性の維持では，負のフィードバックのはたらきが重要である。

① **チロキシンの分泌調節**：チロキシン（甲状腺ホルモン）は広範な細胞に作用して<u>代謝</u>（特に異化作用）を促進するホルモンである。

　　<u>甲状腺刺激ホルモン放出ホルモン</u>（視床下部から）

　　　⟶ <u>甲状腺刺激ホルモン</u>（前葉から）　⟶ **チロキシン**（甲状腺から）

のように分泌が促進される調節機構があり，チロキシンの血中濃度が高まると<u>視床下部</u>や<u>脳下垂体前葉</u>にフィードバックしてホルモン分泌を<u>抑制</u>する。

CHART　チロキシンの分泌調節

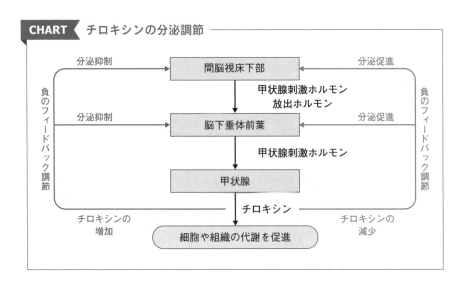

② **糖質コルチコイドの分泌調節**：糖質コルチコイドは組織の<u>タンパク質</u>をグルコースに変え，血糖量を<u>増加</u>させるホルモンである。チロキシン分泌調節と類似したフィードバック調節の機構をもつ。調節機構は次の通り。

　　<u>副腎皮質刺激ホルモン放出ホルモン</u>（視床下部から）

　　　⟶ <u>副腎皮質刺激ホルモン</u>（前葉から）

　　　⟶ **糖質コルチコイド**（副腎皮質から）

POINT **6** パラトルモンの分泌調節

① **パラトルモンのはたらき**：骨や歯に作用して Ca^{2+} を溶
   出させたり，腎臓の細尿管からの Ca^{2+} の再吸収を促進さ
   せたりする。

   ➡ 血中 Ca^{2+} 濃度を<u>上昇</u>させる。^{→2}

② **分泌調節**：内分泌腺である<u>副甲状腺</u>が Ca^{2+} の血中濃度の
   低下を**直接感知**し，パラトルモンの分泌が促進される。

[2] 血中の Ca^{2+} は，血液凝固などに必要である。

PLUS ホルモンの発見

　　十二指腸から分泌されるセクレチンというホルモンは，血管を介してすい臓
へ送られると，すい液の分泌を引き起こす。セクレチンは，世界で最初に発見され
たホルモンである。

[セクレチン発見の実験]

① イヌのすい臓に接続するすべての神経を切断した上で，十二指腸に胃液の代わり
   に薄い塩酸を注入すると，すい液が分泌された。

   ➡ すい液の分泌を引き起こすのは，**神経からの情報ではないこと**がわかった。

② 十二指腸の内壁の細胞を取り出し塩酸を加えてからすりつぶし，その抽出液をす
   い臓へ入る血管へ注入すると，すい液の分泌が起こった。

   ➡ **胃液中の酸が十二指腸に達すると十二指腸から「ある物質」が分泌される。そ
   の「物質」が血流にのってすい臓に作用し，すい液の分泌が促進される**ことが
   わかった（この物質がホルモンであるセクレチンである）。

③ 酸性刺激が十二指腸からのセクレチン分泌を促進し，セクレチンがすい臓からの
   すい液分泌を促進することがわかった。

- - - - - - - -

TECHNIQUE フィードバック調節を題材とした実験

① **内分泌腺の肥大**：「自身のホルモン分泌を促進するホルモン」が過剰に分泌
   されるなどして活発にホルモンの生産・分泌を行っている内分泌腺は，肥大
   する。

② **内分泌腺の萎縮**：「自身のホルモン分泌を促進するホルモン」を分泌する他
   の内分泌腺が除去されるなどしてホルモンの生産・分泌が抑制されている内
   分泌腺は，萎縮する。

③ **フィードバック**：あるホルモンの多少が，その内分泌腺のホルモン分泌の
   調節に関与する他の内分泌腺に影響して，肥大や萎縮を引き起こすことがあ
   る。

EXERCISE 43 ●視床下部と脳下垂体・フィードバック調節

図1は，ホルモン分泌の調節にはたらく視床下部と脳下垂体を示している。図中の**A**と**B**は，視床下部に細胞体をもち，ホルモンを分泌する ア 細胞である。**A**の突起の末端から毛細血管に分泌された イ は，血流にのって脳下垂体に到達し，ここか

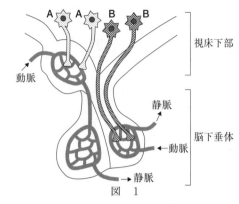

図 1

ら ウ などの分泌が促進される。私たちの体内では，恒常性を維持するためにさまざまなホルモンがはたらいている。これらのホルモンの分泌量は，フィードバックにより適正な値に調節されている。

問1 上の文中の空欄に入る語として最も適当なものを，次からそれぞれ一つずつ選べ。

① 外分泌　　② 内分泌　　③ 神経分泌　　④ 標的
⑤ 放出ホルモン　　⑥ 放出抑制ホルモン　　⑦ 鉱質コルチコイド
⑧ インスリン　　⑨ 甲状腺刺激ホルモン　　⓪ バソプレシン

問2 文中の下線部に関して，ホルモンの分泌が負のフィードバック調節を受けていることを示す現象として最も適当なものを，次から一つ選べ。

① 塩分を取り過ぎたら，尿量が減少した。
② リンゴジュースを飲み過ぎたら，血液中のインスリン濃度が上昇した。
③ 炎症を抑えるためにステロイド剤（副腎皮質ホルモン）を使い続けたら，副腎の機能低下が起こった。
④ 激しい運動をしたら，だ液の分泌が減り口の中が乾いた。
⑤ 怖い映画を観たら，瞳孔が拡大し心臓の拍動数が増加した。

問3 甲状腺のはたらきを調べる目的で，幼時のネズミに甲状腺除去手術を行った。手術後のネズミに関する記述として適当なものを，次から二つ選べ。

① 成長や組織の分化が遅れた。
② 代謝が低下し，体温が下がった。
③ 体温調節がうまくいかなくなり，体温は気温変化に連動し変化した。

④ 成長ホルモンの分泌が高まり，大きなネズミになった。

⑤ 標的器官がなくなったため，手術直後から甲状腺刺激ホルモンの分泌が低下した。

⑥ 負のフィードバック調節がなくなり，チロキシン分泌が高まった。

⑦ タンパク質の分解が活発に行われ，やせたネズミになった。

⑧ 腎臓での水の再吸収が減り，薄い尿をたくさん排出するようになった。

(センター試験追試＋本試・改)

解答 **問1** ア-③ イ-⑤ ウ-⑨ **問2** ③ **問3** ②，③

解説 **問1** Aは，甲状腺刺激ホルモン放出ホルモン，副腎皮質刺激ホルモン放出ホルモンなどを合成する。Bはバソプレシンを合成し，脳下垂体後葉に送る。

問2 糖質コルチコイドは，炎症反応を抑制する作用がある。外部から与えた糖質コルチコイドは，視床下部や脳下垂体前葉にフィードバックし，副腎皮質刺激ホルモン放出ホルモンや副腎皮質刺激ホルモンの分泌を抑制する。その結果，自身の副腎皮質での糖質コルチコイドの合成・分泌は抑制される。

問3 甲状腺の除去により，チロキシン合成は行えなくなる。チロキシンは異化作用を促す作用をもつため，体温調節がうまくできなくなる。

⑤ チロキシンの血液中の濃度が著しく低下し，フィードバック調節の結果，**甲状腺刺激ホルモンの分泌は高まる**と考えられる。

共通テストでは… フィードバック調節のような原理・原則は好んで出題される。

SUMMARY & CHECK

① 自律神経系と並んで，内分泌系は恒常性の維持に重要な役割を果たす。外分泌腺とは異なり内分泌腺は排出管をもたず，血液（体液）中にホルモンを分泌する。ホルモンは，そのホルモンと特異的に結合する受容体を備える標的細胞や標的器官に作用する。

② 甲状腺刺激ホルモン放出ホルモンは，間脳の視床下部に存在する神経分泌細胞で合成され，脳下垂体前葉に運ばれて甲状腺刺激ホルモンの分泌を促進する。甲状腺刺激ホルモンは甲状腺からのチロキシン分泌を促進する。チロキシンの血中濃度が上昇すると，負のフィードバック調節によって，放出ホルモンや刺激ホルモンの分泌は抑制される。

14 血糖濃度調節・体温調節
Blood glucose regulation・Thermoregulation

GUIDANCE　ヒトの場合，長期間の絶食で空腹であろうと，食後に満腹であろうと，血糖濃度(血糖量・血糖値)はほぼ一定に維持されている。また，外気温が大きく変動しても体温もほぼ一定の範囲に保たれている。これらのしくみを自律神経系や内分泌系の機能に基づいて理解しよう。

POINT 1　血糖濃度の調節

　健康なヒトでは，血糖濃度は，ほぼ<u>0.1%(グルコース100mg/血しょう100mL)</u>に維持されている。

(1) 運動や食間・絶食による低血糖時(→血糖濃度を増やす)

　　肝細胞に蓄えている<u>グリコーゲン</u>を分解して<u>グルコース</u>にすることで，血糖濃度を上昇させる。

① アドレナリン

<u>視床下部</u>による低血糖の感知

　　── <u>交感神経</u>を介して<u>副腎髄質</u>を刺激

　　── 副腎髄質から<u>アドレナリン</u>が分泌される

　　── 肝細胞の<u>グリコーゲン</u>が分解される

　　➡ 血糖濃度上昇

② グルカゴン

低血糖の感知

　⎧ 視床下部は<u>交感神経</u>を介して<u>すい臓ランゲルハンス島A細胞</u>を刺激
　⎩ <u>すい臓ランゲルハンス島A細胞</u>自身による低血糖の感知

　　── すい臓ランゲルハンス島A細胞から<u>グルカゴン</u>が分泌される

　　── 肝細胞の<u>グリコーゲン</u>が分解される

　　➡ 血糖濃度上昇

③ 糖質コルチコイド

<u>視床下部</u>による低血糖の感知

　　── <u>脳下垂体前葉</u>から<u>副腎皮質刺激ホルモン</u>が分泌される

　　── <u>副腎皮質</u>から<u>糖質コルチコイド</u>が分泌される

　　── 組織の<u>タンパク質</u>がグルコースに変換される

　　➡ 血糖濃度上昇

■1 100mg=0.1g である。血しょうの密度を水と同じとすると，100mL=100gであり，血しょう中のグルコースの質量%濃度は
$$\frac{0.1\,(g)}{100\,(g)} \times 100$$
$$=0.1\,(\%)$$
と計算できる。

■2 通常の血糖濃度の調節というよりは，飢餓状態での緊急のしくみと考えられる。

(2) 食後の高血糖時（→血糖量を減らす）

血液中の<u>グルコース</u>が肝細胞や筋細胞（筋繊維）に取り込まれて<u>グリコーゲン</u>になることで，血糖濃度を低下させる。

高血糖の感知

$\Bigg\{$ 視床下部は<u>副交感神経</u>を介して<u>すい臓ランゲルハンス島B細胞</u>を刺激
すい臓ランゲルハンス島B細胞自身による高血糖の感知

—→ すい臓ランゲルハンス島B細胞から<u>インスリン</u>が分泌される

—→ 筋細胞や脂肪細胞における<u>グルコース</u>の取り込みと
消費・脂肪への変換および肝細胞や筋細胞における
<u>グリコーゲン</u>の合成

➡ 血糖濃度低下

❸ 交感神経から肝臓に直接信号が伝わり，グリコーゲン分解を促進する経路もある。

CHART 血糖濃度調節のしくみ

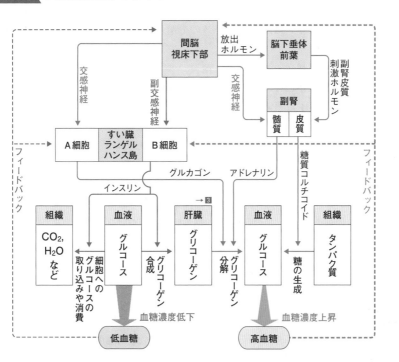

高血糖や低血糖の情報は視床下部などに**フィードバック**され，自律神経系の活動やホルモンの分泌量が調節される。

EXERCISE 44 ● 血糖濃度調節

ヒトは食事をすると，　ア　が血液中に取り込まれ，血糖濃度が上昇する。間脳の　イ　などが，血糖濃度の上昇を感知すると，　ウ　のランゲルハンス島に指令を出し，インスリンの分泌を促進する。インスリンやさまざまなホルモンなどによって，血糖濃度は調節される。

問1 文中の空欄に入る語として最も適当なものを，次からそれぞれ一つずつ選べ。

① グリコーゲン　　② グルコース　　③ タンパク質
④ 延髄　　　　　　⑤ 視床下部　　　⑥ 脊髄
⑦ 肝臓　　　　　　⑧ すい臓　　　　⑨ 副腎皮質

問2 下線部に関する記述として**誤っているもの**を，次から一つ選べ。

① インスリンは，細胞へのグルコースの取り込みを促進する。
② グルカゴンは，肝臓の細胞に作用して，血糖濃度を上昇させる。
③ アドレナリンは，グルコースの分解を促進し，血糖濃度を上昇させる。
④ 副腎皮質刺激ホルモンは，糖質コルチコイドの分泌を促進する。
⑤ 糖質コルチコイドは，タンパク質からグルコースの合成を促進し，血糖濃度を上昇させる。

(センター試験追試・改)

......

解答 **問1** ア-② イ-⑤ ウ-⑧　　**問2** ③

解説 **問2** ① インスリンは，筋細胞や脂肪細胞の細胞膜のグルコース透過性を高める。また，肝細胞内や筋細胞内でのグルコース消費を促進するため，細胞内外の濃度差でグルコースが細胞内によく取り込まれるようになる。
③ グルコースではなくグリコーゲンを分解する。グルコースを分解しては，血糖濃度は上昇しない。

POINT 2　糖尿病

血糖濃度を下げるしくみが正常にはたらかず，**血糖濃度が常に高い状態にある疾病**が糖尿病である。健常者の倍程度の血糖濃度になると，**原尿中のグルコースの全量を再吸収できず，尿中に糖が排出される**。長期間にわたって高血糖の状態が続くと，血管障害などを引き起こす。糖尿病は，その原因から次の2つに分けられる。

① **Ⅰ型糖尿病**：すい臓ランゲルハンス島B細胞が破壊され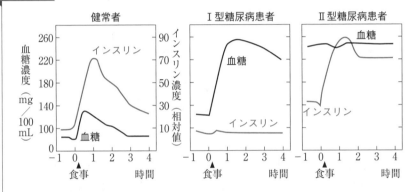、**インスリン**分泌量が減少する。インスリン注射によって治療する。

4免疫系によるもので、一種の自己免疫疾患である。

② **Ⅱ型糖尿病**：Ⅰ型とは別の原因で**インスリン分泌量が低下**したり、**標的細胞がインスリンを感受できなくなったり**する。遺伝も関係する<u>生活習慣病</u>であることが多く、インスリン投与に加えて食事や運動などの生活習慣の改善が求められる。

5この患者の場合、インスリンは合成・分泌できている（すべてのⅡ型糖尿病患者がこのグラフのようになるわけではない）。

CHART　糖尿病患者における血糖濃度

健常者　　Ⅰ型糖尿病患者　　Ⅱ型糖尿病患者

① **健常者**：食後にインスリンが分泌される ── 速やかに血糖濃度が低下する。
② **Ⅰ型糖尿病患者**：**インスリン**がほとんど分泌されない。
③ **Ⅱ型糖尿病患者**：血糖濃度が健常者よりも高い水準にあるため、**インスリン分泌は過多** ── インスリン**感受性**が低く、血糖濃度が低下しない。

EXERCISE 45 ●糖尿病

　血糖濃度を下げるしくみがはたらかないと、常に高い血糖濃度となる。この病気を糖尿病という。糖尿病は大きく次の二つに分けられる。一つは、Ⅰ型糖尿病と呼ばれ、インスリンを分泌する細胞が破壊されて、インスリンがほとんど分泌されない。もう一つは、Ⅱ型糖尿病と呼ばれ、インスリンの分泌量が減少したり、標的細胞へのインスリンの作用が低下する場合で、生活習慣病の一つである。

　健康な人、糖尿病患者Aおよび糖尿病患者Bにおける、食事開始前後の血糖濃度と血中インスリン濃度の時間変化を図1に示した。図1から導か

れる記述として適当なものを, 後の①〜⑥から二つ選べ。

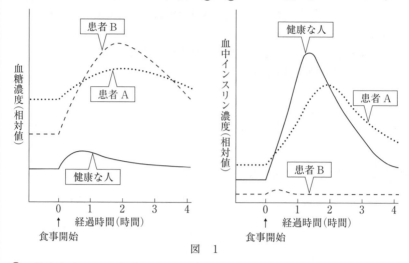

図　1

① 健康な人では, 食事開始から2時間の時点で, 血中インスリン濃度は食事開始前に比べて高く, 血糖濃度は食事開始前の値に近づく。

② 健康な人では, 血糖濃度が上昇すると血中インスリン濃度は低下する。

③ 糖尿病患者Aにおける食事開始後の血中インスリン濃度は, 健康な人の食事開始後の血中インスリン濃度と比較して急激に上昇する。

④ 糖尿病患者Aは, 血糖濃度ならびに血中インスリン濃度の推移から判断して, Ⅱ型糖尿病と考えられる。

⑤ 糖尿病患者Bでは, 食事開始後に血糖濃度の上昇がみられないため, インスリンが分泌されないと考えられる。

⑥ 糖尿病患者Bは, 食事開始から2時間の時点での血糖濃度は高いが, 食事開始から4時間の時点では低下して, 健康な人の血糖濃度よりも低くなる。

(センター試験追試・改)

解答 ①, ④

解説 ④については知識で判断もできるが, 問題文中に糖尿病の分類について記されている。

共通テストでは… グラフをていねいに読み取り, 選択肢の一つひとつと突き合わせていくような作業が必要になる。

PLUS　レプチン

　脂肪細胞から分泌されるレプチンは，食欲を抑え，組織におけるエネルギー消費を促進させて，肥満を抑制するホルモンである。レプチンは，遺伝性の肥満を示すマウスから見つかった。レプチンがつくられなかったり，レプチン受容体を欠いたりするマウスでは，摂食を繰り返して肥満となり糖尿病を発症する。

PLUS　血糖濃度の調節にはたらくホルモン

　血糖濃度の上昇にはたらくホルモンが複数獲得されたのは，不規則にしか食物が手に入らない生活を過去に過ごしてきたなかで，一時的な飢餓状態があっても，血糖濃度が低下することを防ぐためだと考えられている。反対に，血糖濃度を低下させるホルモンは（レプチンを無視すれば）インスリンだけである。そのため，現代人の食習慣では炭水化物の摂取が過多となって高血糖になりやすく，肥満や糖尿病になりやすい。

POINT 3　体温調節

　哺乳類や鳥類は，外界の温度が変動しても体温をほぼ一定に保つ恒温動物である。

(1) **寒冷時**：皮膚や血液の温度低下を視床下部が感知。代謝（異化作用）を高めて**発熱量**を増加させ，体表での**放熱量**を減少させる。

　① **ホルモンによる発熱促進**：チロキシン，アドレナリン，糖質コルチコイドが分泌され，肝臓や筋肉における代謝を促進する。⟶[6] ⟶ 発熱量増加。

　② **筋肉のふるえ**：運動神経によって骨格筋がふるえる。
　　⟶ 発熱量増加。

　③ **心臓拍動の促進**：アドレナリンと交感神経によって心臓の拍動数が増加する。⟶ 温熱を血液に乗せて運搬。

　④ **自律神経系による放熱抑制**：交感神経は，皮膚の血管を収縮させて血流量を低下し，立毛筋を収縮させて立毛によって断熱する。⟶[7] ⟶ 放熱量減少。

(2) **暑熱時**：皮膚や血液の温度上昇を視床下部が感知。代謝を抑制して**発熱量**を減少させ，体表での**放熱量**を増加させる。

　① **発熱抑制**：副交感神経のはたらきや，各種ホルモンの分泌抑制により，肝臓などでの代謝が抑制される。
　　⟶ 発熱量減少。

　② **心臓拍動の抑制**：副交感神経によって拍動数が減少。

　③ **自律神経系による放熱促進**：交感神経は，汗腺からの発汗を促進する。⟶[8] ⟶ 放熱量増加。

[6]肝臓での代謝の促進には，交感神経による作用も関係する。

[7]ヒトの場合，ほとんど体毛がないため，毛を立てても断熱の効果は期待できない（鳥肌が立つ状態になるだけ）。

[8]寒いときは，交感神経がはたらかないことで汗腺からの発汗は抑制される（副交感神経により発汗が抑制されるのではない）。体表の血管・立毛筋・汗腺には，交感神経しか分布しないことに注意しよう。

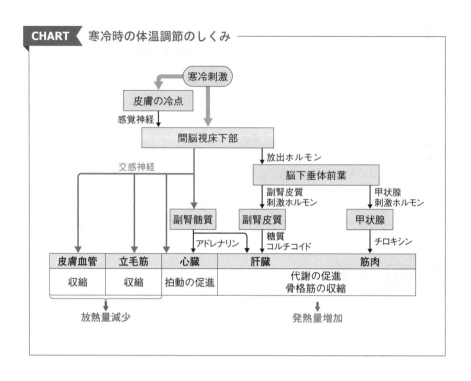

CHART 寒冷時の体温調節のしくみ

寒冷刺激

皮膚の冷点

感覚神経

間脳視床下部

交感神経

放出ホルモン

脳下垂体前葉

副腎皮質
刺激ホルモン

甲状腺
刺激ホルモン

副腎髄質

副腎皮質

甲状腺

アドレナリン

糖質
コルチコイド

チロキシン

皮膚血管	立毛筋	心臓	肝臓	筋肉
収縮	収縮	拍動の促進	代謝の促進 骨格筋の収縮	

放熱量減少

発熱量増加

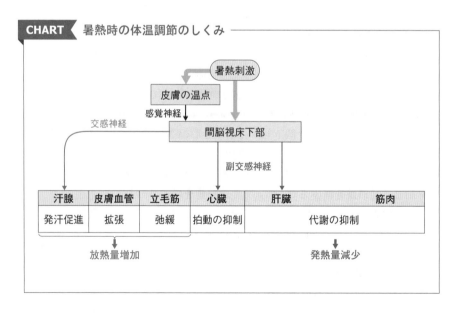

CHART 暑熱時の体温調節のしくみ

暑熱刺激

皮膚の温点

感覚神経

間脳視床下部

交感神経

副交感神経

汗腺	皮膚血管	立毛筋	心臓	肝臓	筋肉
発汗促進	拡張	弛緩	拍動の抑制	代謝の抑制	

放熱量増加

発熱量減少

PLUS 褐色脂肪組織

新生児や冬眠をする動物が豊富にもつ，褐色に見える脂肪組織である褐色脂肪組織は，多数のミトコンドリアを含むが，ここで **ATP 合成を伴わない有機物分解**が行われるために，**熱産生に強く貢献する**。

EXERCISE 46 ●体温調節

ヒトは，外界の温度が変化しても体温を一定に保つことができる恒温動物である。種々の生体反応はある温度範囲内でのみはたらくので，体温を保つしくみは生きていくうえで重要である。外気温が変化すると，その情報は脳の [ア] にある体温調節中枢に伝えられる。その結果，内分泌系と神経系を介して体熱の産生と放散が調節され，体温が一定に保たれる。

問1 文中の空欄に入る語として最も適当なものを，次から一つ選べ。
 ① 脳下垂体前葉　　② 視床下部　　③ 視床　　④ 延髄

問2 下線部に関して，体温調節中枢がはたらいた結果起こる現象として適当なものを，次から二つ選べ。
 ① 副腎髄質が刺激されて糖質コルチコイドの分泌が増加すると，放熱量(熱放散)が増加する。
 ② 糖質コルチコイドは心臓の拍動を促進して，血液の熱を全身に伝えることで発熱量の増加と協調的にはたらく。
 ③ チロキシンの分泌が増加して肝臓の活動が高まると，発熱量(熱産生)が増加する。
 ④ 脳下垂体後葉から甲状腺刺激ホルモンが分泌され，肝臓や筋肉の活動を促進して，発熱量が増加する。
 ⑤ アドレナリンの分泌が増加して筋肉の活動が高まると，発熱量が減少する。
 ⑥ 交感神経が興奮して汗の分泌が高まると，放熱量が減少する。
 ⑦ 皮膚の血管に分布している交感神経が興奮して，皮膚の血管が収縮すると，体表からの放熱量が減少する。
 ⑧ 副交感神経が興奮して汗の分泌が高まると，放熱量が増加する。
 ⑨ 立毛筋に分布している副交感神経が興奮して，立毛筋が収縮すると，体表からの放熱量が減少する。

(センター試験本試・改)

解答 問1 ② 問2 ③, ⑦

解説 問2 ① 糖質コルチコイドは，副腎皮質から分泌される。

② 心臓の拍動促進は，アドレナリンによる。

④ 甲状腺刺激ホルモンは脳下垂体前葉から分泌され，甲状腺からのチロキシン分泌を促進して，間接的に肝臓や筋肉の活動を促進する。

⑤ アドレナリンによって筋肉の活動が高まると，発熱量は増加する。

⑥ 汗の分泌が高まると，放熱量が増加する。

⑧ 体表面には副交感神経は接続しておらず，汗腺からの汗の分泌の促進は交感神経の興奮による。

⑨ 立毛筋にも副交感神経は接続しておらず，交感神経によって収縮が促進される。

SUMMARY & CHECK

① 恒常性を維持する上では，<u>自律神経系</u>や<u>内分泌系</u>が協調してはたらく。その際の最上位の中枢は，<u>間脳</u>の<u>視床下部</u>である

② 健常なヒトの血糖濃度は，<u>0.1 %</u>（<u>グルコース 100 mg/血しょう 100 mL</u>）程度である。

③ 運動などで血糖濃度が減少したときには，<u>交感神経</u>の作用によって分泌される副腎<u>髄質</u>からの<u>アドレナリン</u>，すい臓ランゲルハンス島<u>A細胞</u>からの<u>グルカゴン</u>などの作用で，肝臓での<u>グリコーゲン</u>分解が促進されることなどで，血糖濃度が増加する。

④ 食後に血糖濃度が増加したときには，<u>副交感神経</u>の作用などによって，すい臓ランゲルハンス島<u>B細胞</u>から<u>インスリン</u>が分泌される。その結果，肝臓や筋肉などでの<u>グルコース</u>の取り込みや消費が促進されて，血糖濃度が減少する。

⑤ 寒冷刺激を受けた際には，各種ホルモンのはたらきで体内での代謝が高まって<u>発熱量</u>が増加する。体表面では<u>交感神経</u>のはたらきで<u>放熱量</u>が減少する。

⑥ 暑熱時には，各種ホルモンの分泌が<u>抑制</u>されるために発熱が<u>抑制</u>され，<u>交感神経</u>のはたらきで<u>汗腺</u>からの<u>発汗</u>が促進されるなど，体表面では放熱量を<u>増やす</u>調節がとられる。

THEME 15　生体防御と免疫
Biophylaxis and immunity

🏮 **GUIDANCE**　我々のからだの周囲には，たくさんの細菌やウイルスが存在する。外来の微生物の定着を妨げたり，腸内環境を整えたりするなど有益なはたらきもある常在菌が，傷口から体内に侵入して，害悪を及ぼすこともある。我々は，どのようにして病原体からからだを守っているのかを学んでいこう。

POINT 1　生体防御

　我々のからだにとって，異物や病原体は<u>非自己</u>である。<u>自己</u>と<u>非自己</u>を区別し，非自己の体内への侵入を防ぎ，非自己を排除するしくみが<u>生体防御</u>である。生体防御には，異物が体内に侵入するのを防ぐしくみである<u>物理的・化学的防御</u>と，体内に侵入した異物を排除する<u>免疫</u>がある。免疫には，すべての生物に備わっている<u>自然免疫</u>と，脊椎動物で発達している<u>適応免疫（獲得免疫）</u>がある。

① **物理的・化学的防御**：病原体の体内への侵入を防ぐ。

② **自然免疫**：①で防ぎきれなかったものは，<u>白血球のなかま</u>[1]が素早く対応し，<u>食作用</u>などで<u>非特異</u>的に取り除かれる。

③ **適応免疫（獲得免疫）**：自然免疫で排除しきれなかったものに対しては，異物の種類に応じて<u>リンパ球</u>が<u>特異</u>的に作用する<u>適応免疫</u>が発動される。

[1] 血液中の色素をもたない，有核細胞の総称。

POINT 2　免疫に関係する細胞・器官

(1) **白血球の種類**：すべての血液細胞は，<u>骨髄</u>の<u>造血幹細胞</u>からつくられる。

CHART　白血球の種類

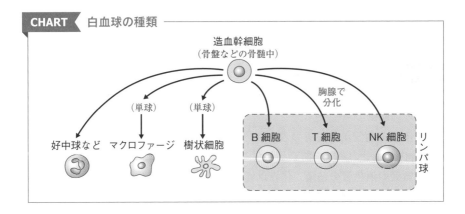

造血幹細胞
（骨盤などの骨髄中）

（単球）　マクロファージ　（単球）　樹状細胞

胸腺で分化

好中球など　B細胞　T細胞　NK細胞　リンパ球

① <u>好中球</u>：異物が侵入した組織で<u>食作用</u>→[2]を示す食細胞。食細胞中で最多。

[2]異物を細胞内に取り込んで消化する作用。

② <u>マクロファージ</u>：食作用を行うほか，毛細血管を拡張させて食細胞の集合を促す。血液中では<u>単球</u>として存在し，異物が侵入すると組織に移動してマクロファージに分化する。

③ <u>樹状細胞</u>：食作用で取り込んだ異物の情報を他の細胞に伝え，<u>適応免疫</u>を開始する。

[3]食作用ではない。

④ <u>ナチュラルキラー細胞</u>（NK 細胞）：病原体に感染した細胞やがん細胞を，<u>攻撃して排除する</u>→[3]。

[4]脊椎動物の循環系には，血管系とリンパ系がある。

⑤ <u>T細胞</u>：樹状細胞によって活性化され，適応免疫で重要な役割を果たす。T細胞は，さらに**<u>ヘルパー</u>T細胞**と**<u>キラーT細胞</u>**に分類できる

[5]ひ臓からの血液は肝門脈を通って肝臓に流れ，赤血球中のヘモグロビンはビリルビン（胆汁色素）として，肝臓で合成される胆汁に入る。

⑥ <u>B細胞</u>：適応免疫で異物の排除にはたらくタンパク質（<u>抗体</u>）を活発につくる<u>形質細胞</u>（<u>抗体産生細胞</u>）に分化する。

(2) ヒトのリンパ系→[4]

① **リンパ管**：全身に分布し<u>リンパ液</u>を流す。途中に<u>リンパ節</u>が存在する。

② **リンパ節**：多数のリンパ球が集まる。リンパ節にはリンパ液に入った病原体も集められる。適応免疫の反応が起こる。

③ **胸腺**：<u>T細胞</u>は胸腺（Thymus）で分化・成熟する。

④ **ひ臓**：<u>B細胞</u>の成熟の場。ひ臓は血液に入った病原体への免疫応答や，古くなった赤血球の<u>破壊</u>→[5]などを行う。

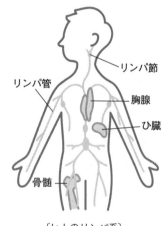

〔ヒトのリンパ系〕

リンパ管　リンパ節　胸腺　ひ臓　骨髄

POINT 3　物理的・化学的防御

物理的・化学的防御は，病原体の体内への侵入を防ぐ第一の防御機構である。

(1) 物理的防御

① **皮膚の角質層**：皮膚の表面の<u>角質層</u>はケラチンを含む<u>死細胞</u>からなり，体内の水分の蒸発を防ぐとともに病原体などの侵入を防ぐ。

② **気管や消化管の粘膜**：体表以外は<u>粘膜</u>で外界と接している。粘膜は<u>粘液</u>を分泌して，異物の付着を防ぐ。

③ **気管の繊毛運動**：繊毛上皮の<u>繊毛運動</u>によって，異物を体外に送り出す。

④ **口・鼻・咽頭(のど)**：せきやくしゃみ，鼻水(鼻汁)，たんなどで異物を排除する。

(2) 化学的防御

① **皮膚表面**：皮膚表面は<u>弱酸性</u>(pH3〜5)に保たれ，多くの病原体の繁殖を防ぐ。

② **リゾチーム**→**[6]**：涙や汗，だ液には，細菌の<u>細胞壁</u>を破壊する<u>リゾチーム</u>という酵素が含まれる。

③ **ディフェンシン**：皮膚や涙に含まれる<u>ディフェンシン</u>というタンパク質は，細菌の細胞膜を破壊する。

④ **胃酸**：<u>強酸性</u>の胃酸で，食物中の病原体を殺す。

[6]細菌感染によって引き起こされる風邪症状には有効であると考えられ，風邪薬にも使われる。

POINT **4** 自然免疫

<u>物理的</u>・<u>化学的</u>**防御**で防ぎきれなかった異物には，第二の防御機構として<u>自然免疫</u>がはたらく。自然免疫は異物の侵入時に即座に発動され，白血球のなかまが素早く対応し，<u>食作用</u>などで異物を取り除く。動物が生まれながらにしてもつ生体防御機構で，異物に対する**特異性が**<u>低い</u>ため，さまざまなものに対して**広範に作用する**。

① **食作用**：<u>好中球・マクロファージ・樹状細胞</u>は，異物が侵入した部位に集まって細胞内に異物を取り込み，細胞内で消化・分解する<u>食作用</u>を行う。

② **感染細胞・がん細胞の排除**：<u>ナチュラルキラー細胞(NK細胞)</u>は，ウイルスが侵入した細胞やがん細胞の表面構造の違いを認識し，攻撃して破壊する。

③ **炎症**：病原体を取り込んだ<u>マクロファージ</u>や樹状細胞が，周囲の細胞にはたらきかけることで，毛細血管が<u>拡張</u>してその部位が熱をもつ。また，体温が上昇することもあり，これらは自然免疫の促進や組織の修復を促進する。

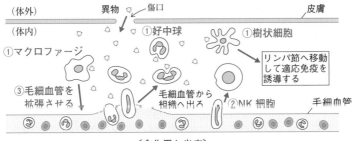

〔食作用と炎症〕

EXERCISE 47 ●物理的・化学的防御，自然免疫

　次の記述のうち，物理的・化学的防御として適当なものを二つ選べ。
① 気管支の表面は，繊毛に覆われている。
② マクロファージが食作用を行う。
③ 消化管の内壁では，粘液が分泌される。
④ すい臓からグルカゴンが分泌される。

（センター試験追試・改）

解答　①，③
解説　②は自然免疫ではあるが，物理的・化学的防御の例ではない。

TECHNIQUE　食作用の観察

食細胞は，昆虫のような無脊椎動物（節足動物）にも備わっている。

コオロギの食作用の観察
① コオロギに，適切な量の墨汁を注射器で注入し，24時間程度おく。
② 後肢を取り切断面をスライドガラスにこすりつけてプレパラートを作る。
　光学顕微鏡で，墨汁の黒色の顆粒を取り込んだ食細胞が観察される。
③ 黒色の顆粒は食細胞に異物と認識され，食作用を受けたことがわかる。

 SUMMARY & CHECK

① ヒトのからだには，異物を体内に侵入させないための，皮膚の角質層
　などによる物理的防御や，体表面ではたらくリゾチームのような酵素
　などによる化学的防御のしくみが備わっている。
② 物理的・化学的防御によって防ぎきれなかった異物に対しては，好中
　球・マクロファージなどによる食作用がはたらく。また，ウイルスに
　感染した細胞やがん細胞は，ナチュラルキラー細胞（NK細胞）による
　排除を受ける。
③ 免疫に強く関係する白血球をはじめ，すべての血液細胞は骨髄の造血
　幹細胞に由来する。リンパ管は全身に張り巡らされてリンパ液を運び，
　リンパ節ではリンパ球が中心的にはたらく適応免疫の反応が起こる。

THEME

16 適応免疫（獲得免疫）
Adaptive immunity

GUIDANCE　自然免疫の防御をすり抜け，排除し切れなかった病原体に対しては，適応免疫（獲得免疫）がはたらく。適応免疫のはたらきが高まるまでには比較的に長い時間を要するが，再び同種の病原体が侵入した際には素早く強力にはたらくことができる。適応免疫のしくみを理解しよう。

POINT 1　適応免疫（獲得免疫）の特徴

　適応免疫では，リンパ球である<u>B細胞</u>と<u>T細胞</u>が中心的にはたらく。1種類のリンパ球は<u>1種類</u>の異物にしか対応できないので，病原体侵入以前から，体内には**多様なリンパ球が予め準備**されている。

① **適応免疫の始まり**：リンパ球が特異的に認識する異物を<u>抗原</u>と呼ぶ。抗原を取り込んだ<u>樹状細胞</u>や<u>マクロファージ</u>，<u>B細胞</u>は，抗原を断片化して一部を細胞表面に出す<u>抗原提示</u>を行う。その後，多様なリンパ球のうち特定のものが選択的に活性化・増殖して適応免疫が発動される。

② **適応免疫の分類**：B細胞から分化する<u>形質細胞</u>（<u>抗体産生細胞</u>）が体液中に放出する<u>抗体</u>が抗原の排除に中心的にはたらく<u>体液性免疫</u>と，細菌やウイルスに感染した細胞の排除などに<u>キラーT細胞</u>が中心的にはたらく<u>細胞性免疫</u>に分類される。

CHART　生体防御

異物が体に　　　──→　　物理的・化学的防御
入るのを防ぐ

　　　　　　　　　　　　自然免疫 … 特異性が<u>低い</u>。
　　　　　　　　　　　　　　食作用・炎症，
体に入った　　　　　　　　　NK細胞による，感染細胞やがん細胞などの異常な細
異物を除去　　　　　　　　　胞の除去。

　　　　　　　　　　　　適応免疫（獲得免疫） … 特異性が<u>高い</u>。
　　　　　　　　　体液性免疫：B細胞から分化する<u>形質細胞</u>がつくる<u>抗体</u>により抗原を除去。
　　　　　　　　　細胞性免疫：<u>キラーT細胞</u>などによる　病原体に感染した細胞・がん細胞などへの直接攻撃。

---

16 適応免疫（獲得免疫） | **149**

③ **免疫記憶**：刺激を受けたB細胞とT細胞の一部は，<u>記憶細胞</u>となって体内に残る。二度目以降に同種の抗原が侵入すると，記憶細胞が**素早く強い応答**を起こす。

④ **免疫寛容**：多様なリンパ球のなかには，自身のからだを構成する成分を認識し攻撃してしまうようなものも存在する。そのような細胞は，成熟の過程で排除されたり，はたらきが抑制されたりしている。そのため，**自己のからだを構成する成分に対しては免疫反応が起こらない状態**，すなわち<u>免疫寛容</u>が成立している。

■1 自己反応性を示すリンパ球のうち，T細胞は胸腺で，B細胞は骨髄で，それぞれ排除される。また，末梢では，このような機構をくぐり抜けてしまった細胞の作用を抑制する別のT細胞がはたらく。

CHART 免疫寛容

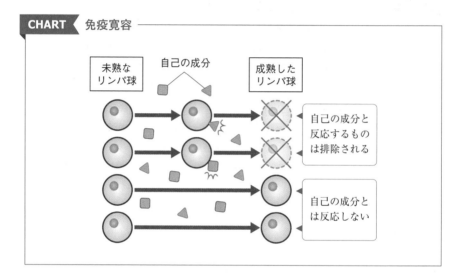

POINT 2 体液性免疫のしくみ

体液中にある異物に対しては，体液中に放出される<u>抗体</u>がはたらく。

① **抗原提示**：<u>樹状細胞</u>は体液中の抗原を取り込んで分解したうえで，<u>抗原提示</u>を行う。また，B細胞も自身が認識できる抗原を取り込んで，抗原提示する。

② **ヘルパーT細胞の活性化**：<u>ヘルパーT細胞</u>は，リンパ節内で，自身が担当する抗原情報を提示している<u>樹状細胞</u>を認識すると，活性化して増殖する。

③ **B細胞の活性化**：活性化した<u>ヘルパーT細胞</u>は，担当する抗原と同じ種類の抗原情報を提示している<u>B細胞</u>を活性化する。活性化されたB細胞は増殖したのち，<u>形質細胞</u>(抗体産生細胞)に分化する。

④ **抗原抗体反応**：個々の形質細胞は，それぞれ<u>1種類の</u><u>抗体</u>(免疫グロブリンと呼ばれるタンパク質)を体液中に放出する。

血液中を流れて全身に送られた抗体は抗原に特異的に結合し，<u>抗原抗体複合体</u>を形成することで，感染力や毒性を弱める。この反応を<u>抗原抗体反応</u>と呼ぶ。

⑤ **食作用の増強**：抗原抗体複合体は，好中球やマクロファージによる食作用を受けやすい状態になっている。

⑥ **免疫記憶**：ヘルパーT細胞やB細胞の一部は<u>記憶細胞</u>となって長期間体内に残り，再度の同種の抗原侵入に備える。

2 抗体の一部が，食細胞にとって食作用を示す目印のようにはたらく。

3 同種の抗原侵入時に，すばやく大量に抗体産生を行うことを可能にする。

CHART 体液性免疫

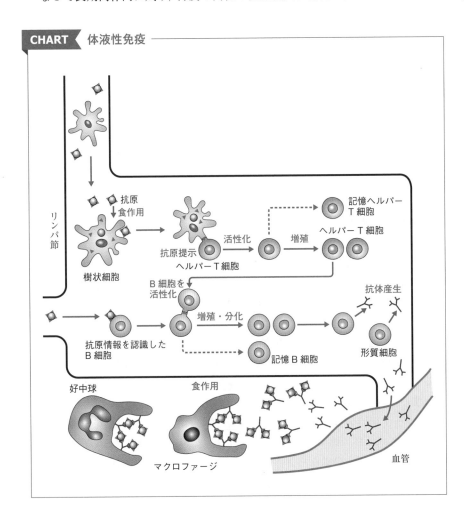

好中球　食作用　マクロファージ　血管

リンパ節　抗原　食作用　樹状細胞　抗原提示　活性化　ヘルパーT細胞　増殖　記憶ヘルパーT細胞　ヘルパーT細胞　B細胞を活性化　抗原情報を認識したB細胞　増殖・分化　記憶B細胞　形質細胞　抗体産生

PLUS 抗体の構造

① **実体**：抗体はＹ字状の分子構造をもつ免疫グロブリンというタンパク質からできている。

② **抗原と抗体の特異的結合**：1つの形質細胞が産生できる抗体はただ1種類であり，それぞれの抗体は1種類の抗原とだけ特異的に結合できる。

③ **抗体の多様性**：B細胞の分化が起こるときには，抗体の遺伝子を再編成することで，形質細胞全体として膨大な種類の抗体がつくられるようになる。これは利根川進によって明らかにされ，日本人初のノーベル生理学・医学賞が授与された。

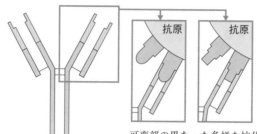

　可変部：抗体により異なる
　定常部：共通

可変部の異なった多様な抗体があり，それぞれが1種類の抗原に対応する。

〔抗体の構造〕

POINT 3 　細胞性免疫のしくみ

　抗体は細胞膜を通過できないため，細胞内に侵入した細菌・ウイルスや移植された他個体の組織やがん細胞に対しては，T細胞が直接攻撃して排除する。

① **抗原提示**：細菌やウイルスが内部に侵入した細胞などは，樹状細胞に認識され，その情報が抗原提示される。

② **T細胞の活性化**：ヘルパーT細胞やキラーT細胞は，担当する抗原情報を提示している樹状細胞を認識すると，活性化して増殖する。キラーT細胞の活性化には，ヘルパーT細胞からのはたらきかけを必要とする場合もある。

③ **キラーT細胞のはたらき**：キラーT細胞はリンパ節を出て感染組織に移動すると，病原体に感染した細胞を特異的に認識し，直接攻撃して破壊する。

④ **ヘルパーT細胞のはたらき**：ヘルパーT細胞は感染組織に移動し，担当する抗原と同じ情報を提示しているマクロファージの食作用を増強する。

⑤ **免疫記憶**：ヘルパーT細胞やキラーT細胞の一部は記憶細胞となって長期間体内に残り，次回以降の免疫応答に備える。

4 ウイルスなどの病原体に感染した細胞は，感染によって細胞内で合成されるタンパク質の断片を細胞表面に提示する。そのため，感染細胞であることは細胞外からでもわかる。

CHART 細胞性免疫

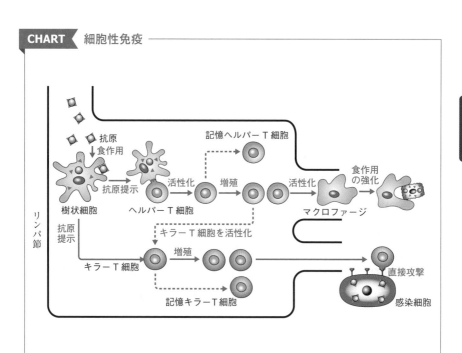

EXERCISE 48 ●適応免疫

問1 細胞性免疫に関する，次の文中の空欄に入る語句として最も適当な
ものを，次ページの①〜⓪からそれぞれ一つずつ選べ。

体内に侵入した
抗原は図1に示す
ように，免疫細胞
Pに取り込まれて
分解される。免疫
細胞QおよびRは
抗原の情報を受け
取り活性化し，免
疫細胞Qは別の免
疫細胞Sの食作用
を刺激して病原体
を排除し，免疫細
胞Rは感染細胞を直接排除する。免疫細胞の一部は記憶細胞となり，再

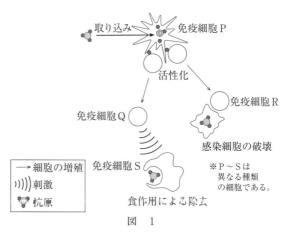

図 1

び同じ抗原が体内に侵入すると急速で強い免疫応答が起きる。免疫細胞Pは ア であり，免疫細胞Qは イ である。免疫細胞P〜Sのうち記憶細胞になるのは ウ である。

① マクロファージ　② 樹状細胞　③ キラーT細胞
④ ヘルパーT細胞　⑤ PとQ　⑥ PとR　⑦ PとS
⑧ QとR　⑨ QとS　⓪ RとS

問2 抗体の産生に至る免疫細胞間の相互作用を調べるため，次の**実験**を行った。**実験**の結果の説明として最も適当なものを，後の①〜⑤から一つ選べ。

実験 マウスからリンパ球を採取し，その一部をB細胞およびB細胞を除いたリンパ球に分離した。これらと抗原とを図2の培養のように

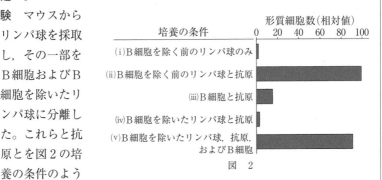

図　2

組み合わせて，それぞれに抗原提示細胞(抗原の情報をリンパ球に提供する細胞)を加えた後，含まれるリンパ球の数が同じになるようにして，培養した。4日後に細胞を回収し，抗原に結合する抗体を産生している細胞の数を数えたところ，図2の結果が得られた。

① B細胞は，抗原が存在しなくても形質細胞に分化する。
② B細胞の形質細胞への分化には，B細胞以外のリンパ球は関与しない。
③ B細胞を除いたリンパ球には，形質細胞に分化する細胞が含まれる。
④ B細胞を除いたリンパ球には，B細胞を形質細胞に分化させる細胞が含まれる。
⑤ B細胞を除いたリンパ球には，B細胞が形質細胞に分化するのを妨げる細胞が含まれる。

（センター試験本試・改）

....

解答 **問1** ア-② イ-④ ウ-⑧ 　**問2** ④
解説 **問1** ア，イ．免疫細胞Pは，抗原を取り込み，その構造の一部を細胞

表面に提示している。また，免疫細胞QやRの活性化にもはたらいている。Pは周囲に向けて突起を有するその形状から考えても，樹状細胞であると判断できる。Sは抗原に対する食作用を示しており，不定形の形状からもマクロファージであり，Qは樹状細胞の抗原提示を受け，マクロファージの示す食作用を増強する刺激を与えるヘルパーT細胞である。Rは，樹状細胞の抗原提示を認識して，感染細胞を直接に攻撃して破壊していることから，キラーT細胞だとわかる。

ウ．ヘルパーT細胞とキラーT細胞はどちらも記憶細胞になり，免疫記憶にはたらく。図1にはないが，B細胞も記憶細胞になる。

問2 (i)の条件ではあらゆるリンパ球と抗原提示細胞が含まれているが，抗原がないためB細胞は形質細胞には分化できない。

(ii)の条件では，(i)の細胞に加えて抗原が含まれており，このときは形質細胞への分化がみられる。しかし，(iii)ではB細胞以外のリンパ球は存在せず，B細胞はそれらの除かれたリンパ球なしでは形質細胞へほとんど分化できない。すなわち，④「B細胞を除いたリンパ球には，B細胞を形質細胞に分化させる細胞が含まれる」が適当。(iv)の条件では，形質細胞に分化するB細胞そのものがないため，形質細胞は出現しない。(v)は対照実験的な操作で，実質的に(ii)と同じ条件になっている。

POINT 4 免疫記憶

多くの感染症(病原体の感染によって引き起こされる病気)は，一度かかったものにはかからないか，かかっても軽く済む。これは二次応答のおかげである。

① **一次応答**：未経験の抗原に対しては，リンパ球の活性化や増殖に時間がかかるため，抗体産生までに時間がかかり，産生される抗体も少量で1か月を過ぎるとほぼ0になる。これを<u>一次応答</u>という。

② **二次応答**：刺激を受けた<u>B細胞</u>と<u>T細胞</u>の一部は，<u>記憶細胞</u>となり体内に残る。B細胞の記憶細胞は，同じ抗原が体内に侵入したときには，一次応答よりも**素速く多量に抗体を産生**し，しかも大量の抗体産生は1か月以上も持続する。T細胞の記憶細胞も同様に，同じ抗原が体内に侵入したときには素速く強く反応する。この反応を<u>二次応答</u>という。

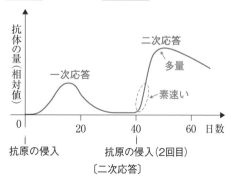

〔二次応答〕

EXERCISE 49 ● 免疫記憶

以前に抗原を注射されたことがないマウスを用いて，抗原を注射した後，その抗原に対応する抗体の血液中の濃度を調べる実験を行った。1回目に抗原Aを，2回目に抗原Aと抗原Bとを注射したときの，各抗原に対する抗体の濃度の変化を表した図として最も適当なものを，次から一つ選べ。

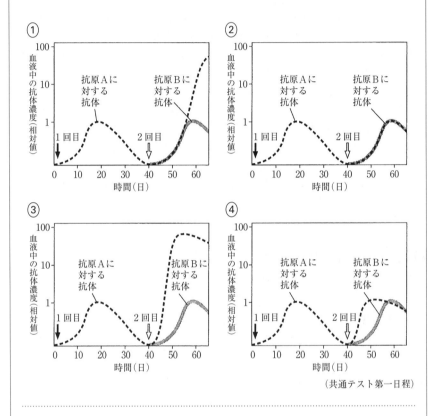

（共通テスト第一日程）

解答　③

解説　2回目の注射で，抗原Aに対しては二次応答，抗原Bに対しては一次応答が起こる。

TECHNIQUE 　細胞性免疫にみられる免疫記憶の実験

① **拒絶反応**：同種であっても他個体の皮膚や臓器を移植すると，ふつう生着することなく脱落する。この拒絶反応は，**キラーＴ細胞が移植片を攻撃する**細胞性免疫によるところが大きい。

⑤移植片に由来する物質に対する抗体もつくられる。

② **一次応答**：Ａ系統マウスからＢ系統マウスへの皮膚移植（**1回目**）では，**10日**程度で拒絶される（**一次応答**）。

③ **二次応答**：Ａ系統からＢ系統への皮膚移植（**2回目**）では，1回目よりも短期間の**5日**程度で拒絶されることが多い（**二次応答**）。

④ **異なる系統の皮膚移植**：Ａ系統の皮膚移植を2回受けたＢ系統のマウスに対して，Ａ系統とは異なるＣ系統の皮膚を移植する（**1回目**）と，**10日**程度で拒絶される（**一次応答**）。

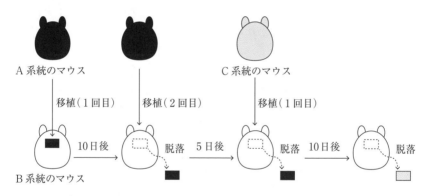

A 系統のマウス　　　　　　　　　　　C 系統のマウス

移植（1回目）　移植（2回目）　　移植（1回目）

B 系統のマウス　10日後　脱落　5日後　脱落　10日後　脱落

PLUS　**免疫にはたらくタンパク質**

① **TLR（Toll-like receptor；トル様受容体）**：好中球・マクロファージ・樹状細胞のような食細胞は，TLR と呼ばれるタンパク質をもち，これが細菌の細胞壁やべん毛，ウイルスの遺伝子など広範な分子の認識にはたらく。

② **MHC 抗原（MHC 分子，主要組織適合抗原）**：ヒトのほとんどの細胞には MHC 抗原が存在する。MHC 抗原は非常に多くの型があるタンパク質で，個人間で一致することはほとんどない。自分のものでない MHC 抗原をもつ細胞は，キラーＴ細胞による攻撃を受ける。また，抗原提示細胞は，断片化した抗原の一部を細胞膜上の MHC 抗原に結合させて抗原提示を行う。ヒトでは HLA（Human Leukocyte Antigen；ヒト白血球抗原）とも呼ばれる。

③ **TCR（T cell receptor；Ｔ細胞受容体）**：それぞれのＴ細胞は1種類の TCR をもつ。TCR は，MHC 抗原と抗原断片の複合体を特異的に認識し，それに結合でき

るタンパク質である。

④ **BCR(B cell receptor; B細胞受容体)**: 抗体とほとんど同じタンパク質がB細胞の細胞膜上に現れたもので，TCRとは異なり抗原と直接結合できる。B細胞が特定の抗原を認識して取り込み抗原提示する過程ではたらく。

⑤ **サイトカイン(インターロイキン)**: 白血球などの細胞どうしの間ではたらく，情報伝達物質の総称。T細胞やB細胞の活性化や増殖は，他の細胞からのサイトカインによって引き起こされている。

EXERCISE 50 ●拒絶反応

　自分とは異なる MHC 抗原をもつ他人の皮膚が移植されると，キラーT細胞がその皮膚を非自己と認識して排除し，移植された皮膚は脱落する。MHC 抗原とは，細胞の表面に存在する個体に固有なタンパク質で，自身のものでない MHC 抗原をもつ細胞は非自己として認識される。

問1　移植された皮膚に対する拒絶反応を調べるため，次の**実験1**を行った。**実験1**の結果から導かれる考察として最も適当なものを，後の①～⑥のうちから一つ選べ。

実験1　マウスXの皮膚を別の系統のマウスYに移植した。マウスYでは，マウスXの皮膚を非自己と認識することによって拒絶反応が起こり，移植された皮膚(移植片)は約10日後に脱落した。その数日後，移植片を拒絶したマウスYにマウスXの皮膚を再び移植すると，移植片は5～6日後に脱落した。

① 免疫記憶により，2度目の拒絶反応は強くなった。

② 免疫記憶により，2度目の拒絶反応は弱くなった。

③ 免疫不全により，2度目の拒絶反応は強くなった。

④ 免疫不全により，2度目の拒絶反応は弱くなった。

⑤ 免疫寛容により，2度目の拒絶反応は強くなった。

⑥ 免疫寛容により，2度目の拒絶反応は弱くなった。

問2　MHC 抗原が異なる3匹のマウスA，B，およびCを用いて皮膚移植の**実験2**の計画を立てた。マウスAとBには生まれつき胸腺がなく，マウスCは胸腺をもつ。また，マウスもヒトと同様の細胞性免疫機構によって，非自己を認識して排除することが知られている。これらのことから，予想される**実験2**の結果に関する記述として最も適当なものを，次の①～④から一つ選べ。

① マウスAの皮膚をマウスBに移植すると，拒絶反応により脱落する。

② マウスBの皮膚をマウスCに移植すると，拒絶反応により脱落する。

③ マウスCの皮膚をマウスAに移植すると，拒絶反応により脱落する。

④ マウスCの皮膚をマウスCに移植すると，拒絶反応により脱落する。

（共通テスト本試＋センター試験追試・改）

・・

解答 **問1** ① **問2** ②

解説 **問1** 免疫記憶は，抗体産生を題材に説明されることが多いが，細胞性免疫による反応が中心的な拒絶反応でもはたらくしくみである。

問2 マウスAとBは**胸腺をもたず，T細胞の成熟が起こらない**。キラーT細胞などがなければ，拒絶反応を起こすために必要な反応が起こらない。そのため，マウスAとBはマウスCの皮膚を受け入れる。しかし，胸腺を欠如する以外には異常はなく，マウスCとは異なるMHC抗原などは正常にもつ。そのため，MHC抗原の異なるマウスCでは，マウスAやBの皮膚は拒絶される。

SUMMARY & CHECK

① 自然免疫よりも遅れて発動される<u>適応免疫</u>は，特定の<u>抗原</u>に対して強力にはたらく生体防御の機構である。適応免疫は，<u>体液性免疫</u>と<u>細胞性免疫</u>に分類される。

② <u>B細胞</u>から分化する<u>形質細胞</u>（抗体産生細胞）がつくる<u>抗体</u>による，体液中の抗原の不活性化のしくみは，<u>体液性免疫</u>と呼ばれる。一方，細胞内に入った病原体に対しては，感染細胞を<u>キラーT細胞</u>が直接攻撃する<u>細胞性免疫</u>のしくみがはたらく。いずれのしくみにおいても，樹状細胞などが行う<u>抗原提示</u>や<u>ヘルパーT細胞</u>による免疫担当細胞の活性化が，不可欠である。

③ 自然免疫とは異なり，適応免疫では<u>記憶細胞</u>が形成される<u>免疫記憶</u>が成立する。そのため，体内に二度目以降侵入した同種の病原体に対して，高い防御効果を示す。この反応を<u>二次応答</u>という。

THEME 17 免疫と病気・免疫と健康

Immune-related illnesses

POINT 1 免疫の低下による病気

(1) エイズ（AIDS，後天性免疫不全症候群）

ヒト免疫不全ウイルス（HIV）が，ヘルパーT細胞に感染して，破壊する。ヘルパーT細胞の数が減少すると，適応免疫の機能が低下する。

① **症状**：エイズ（後天性免疫不全症候群）を発症した患者では，**健康なヒトでは発症しない感染症**にかかったり（日和見感染）[1]，**がん**になりやすくなったりする。

② **対策**：HIVは変異しやすいため**有効なワクチンは開発されていない**。感染しないための予防が重要で，感染した場合は発症を抑制する治療を行う[2]。

(2) がん

無制限に分裂・増殖（**細胞周期のコントロールができない状態**）[3]する細胞をがん細胞と呼ぶ。がん細胞は日常的に少しずつ生じているが，がん細胞には健全な細胞にあるはずの物質がなかったり，ないはずの物質があったりするので，これをナチュラルキラー細胞（NK細胞）やキラーT細胞が監視し攻撃して排除している。しかし，もともと自分の細胞であるため免疫で排除し切れず，悪性腫瘍（がん）が生じる。

[1] 日和見感染にはカンジダ症（カンジダはカビの一種）などがある。エイズではカリニ肺炎，カポジ肉腫などの日和見感染がみられる。

[2] HIVがもつ酵素の阻害剤などを投与することで，エイズの発症を抑制できる。

[3] G_0期にあるべき細胞が，無秩序に細胞周期を回る。

POINT 2 免疫の異常反応による病気

(1) アレルギー

病原体以外の異物に繰り返し接触することで，適応免疫の反応が過敏に起こり，からだに不都合をもたらすことをアレルギーという。食物アレルギー，じん麻疹，喘息，花粉症などはアレルギーである。

① **原因物質**：スギ花粉やハチ毒のほか，特定の食物，特定の金属などは，アレルギーを引き起こす原因物質であるアレルゲンとなる。

② **アナフィラキシー**：アレルゲンの侵入により，激しいアレルギー症状が現れることをアナフィラキシーという。アナフィラキシーのうち，急激な血圧低下や呼吸困難など特に激しい症状が現れる反応をアナフィラキシーショックといい，死に至ることもある。

(2) 自己免疫疾患

本来は<u>免疫寛容</u>が成立しているはずの<u>自己</u>の正常な細胞や組織に対して，免疫反応が起こってしまう疾患を，<u>自己免疫疾患</u>という。関節の細胞が標的となり炎症を起こす<u>関節リウマチ</u>，すい臓ランゲルハンス島Ｂ細胞が標的となり破壊される<u>Ｉ型糖尿病</u>などがある。

花粉症が生じるしくみ

① **抗体の産生**：花粉がアレルゲンとなって，形質細胞がある種の抗体を産生する。この抗体が**マスト細胞(肥満細胞)** に付着する。

② **ヒスタミンの放出**：再び同種の花粉が侵入すると，花粉由来物質(抗原)のマスト細胞表面の抗体への結合が刺激となり，マスト細胞から**ヒスタミン**が放出される。

③ **ヒスタミンの作用**：ヒスタミンのはたらきで，粘膜の炎症やくしゃみ・鼻水などのアレルギー症状が現れる。

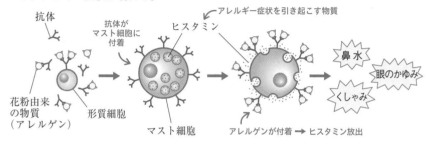

抗体 / 抗体がマスト細胞に付着 / ヒスタミン / アレルギー症状を引き起こす物質 / 鼻水 / 眼のかゆみ / くしゃみ / 花粉由来の物質(アレルゲン) / 形質細胞 / マスト細胞 / アレルゲンが付着 → ヒスタミン放出

EXERCISE 51 ● 免疫と病気

免疫機能の異常に関連した疾患の例として，アレルギーや後天性免疫不全症候群(エイズ)がある。アレルギーやエイズに関する記述として**誤っているもの**を，次から一つ選べ。

① アレルギーの例として，花粉症がある。

② ハチ毒などが原因で起こる急性のショック(アナフィラキシーショック)は，アレルギーの一種である。

③ 栄養素を豊富に含む食物でも，アレルギーを引き起こす場合がある。

④ エイズの患者は，日和見感染を起こしやすくなる。

⑤ ヒト免疫不全ウイルス(HIV)は，Ｂ細胞に感染することによって免疫機能を低下させる。 　　　　　　　　　　　(センター試験本試・改)

....

解答 ⑤

解説 HIVは，ヒトの**ヘルパーＴ細胞**に感染して破壊する。

① **予防接種**：弱毒化した病原体やその産物など（<u>ワクチン</u>）を動物に与え，体内に<u>記憶細胞</u>をつくらせ，<u>免疫記憶</u>を成立させる。実際に病原体が体内に侵入した際には<u>二次応答</u>が引き起こされ，感染症の発症や重症化が抑制できる。

例 病原体を不活性化したりその成分を精製したりしたもの：インフルエンザ・ポリオ・日本脳炎

弱毒化した病原体：はしか・結核（BCG）

② **血清療法**：ヘビ毒のように，毒素を速やかに排除する必要があるときに用いる，<u>抗体</u>を含む<u>血清</u>を用いる。あらかじめ抗原をウマやウサギなどに少量ずつ注射し抗体をつくらせ，その**抗体を含む<u>血清</u>**を採取して得る。

> ④血液を試験管内で凝固させた際の上澄み部分。血液中の液体成分である血しょうから，血液凝固にはたらくタンパク質を除いたものに相当。

→④

例 ヘビ毒，ジフテリア，破傷風など緊急を要する場合

③ **予防接種と血清療法の違い**：「何かを注射する」という点で予防接種と血清療法は似ているが，予防接種は**ワクチンを打たれるヒト自身の免疫**による抗原の排除なので**能動的な免疫で持続性**がある（病気の予防が目的）。

血清療法は**他の動物がつくる抗体を含む<u>血清</u>を外部から与える**ことによる**受動的な免疫で持続性はない**（現状の症状の緩和や治療が目的）。

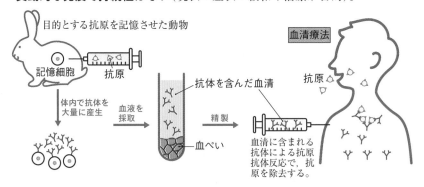

目的とする抗原を記憶させた動物
記憶細胞　抗原
体内で抗体を大量に産生
血液を採取
抗体を含んだ血清
精製
血ぺい
血清療法
抗原
血清に含まれる抗体による抗原抗原反応で，抗原を除去する。

天然痘の根絶

PLUS

　天然痘は，天然痘ウイルスによる，かつて世界中で猛威をふるった感染症で高い致死率を示す。ジェンナー（イギリスの医師）は，「牛の乳絞りに従事する女性が牛痘（ウシの病気でヒトが感染しても軽症ですむ）に感染すると，天然痘に感染しない」ことを知った。そこで彼は，牛痘にかかった女性から採取した膿を，健康な少年に接種して軽く牛痘を発症させ，その後天然痘にかからないことを確認した。

　この種痘が予防接種の始まりである。このときに実際に使用されたものや接種を受けた人物などについては諸説あるが，「牛痘ウイルスと天然痘ウイルスの抗原が類似している」ために免疫記憶の成立が可能であったと考えられる。

1958年以降，世界保健機構(WHO)の主導で精力的な天然痘感染者の発見と種痘が世界的に行われた結果，1977年を最後に自然下での天然痘の患者発生は認められず，1980年には根絶宣言が出された。天然痘は，現在のところ，人類が唯一根絶に成功した感染症である。

PLUS **血清療法の開発**

北里柴三郎は，破傷風の正体は破傷風菌そのものではなく，破傷風菌が産生する毒素であると考え，菌体を取り除いた溶液を薄めて段階的に濃度を上げながら動物に注射した。すると動物は致死量と考えられる量の毒素にも耐えられるようになった。さらに，この動物から採取した血清を他の個体に注射すると，その個体も毒素に耐えられるようになっていたのである。彼は，血清中に含まれる毒素のはたらきを抑える物質を抗毒素と名づけた。これは，今日の抗体の発見と位置付けられる。血清療法はその後ジフテリアについても応用され，彼と共同で血清療法について研究したベーリングは，ノーベル生理学・医学賞を受賞した。

EXERCISE 52 ● 予防接種と血清療法

　弱毒化または無毒化した病原体などをあらかじめ接種して，発病を防ぐための予防接種が行われている。予防接種は，リンパ球の一種であるB細胞とT細胞が抗原を認識すると ア となって残ることを利用している。抗原を認識した イ は，再度，同じ抗原を認識すると速やかに増殖して，形質細胞に分化する。形質細胞はその抗原に対して結合力の強い抗体を大量に産生して病原体を排除する。予防接種と同様に，免疫のしくみを利用したものには，血清療法がある。血清療法では，抗体を含む血清を動物の体内に注射する。

問1　上の文中の空欄に入る語句として最も適当なものを，次からそれぞれ一つずつ選べ。

①　樹状細胞　　②　記憶細胞　　③　T細胞

④　B細胞　　⑤　マクロファージ　　⑥　好中球

問2　予防接種と血清療法に関する記述として最も適当なものを，次から一つ選べ。

①　ヘビの毒素を予め接種したウマから得られた血清を，ヘビに咬まれたヒトに注射すると，ヘビの毒素は無毒化される。

②　ワクチンを投与することで，キラーT細胞はがん細胞を認識し，直接攻撃によって排除できるようになる。

③　血清療法は，抗体によって抗原を排除する細胞性免疫を応用したも

のである。

④ ヒトは，ウマのタンパク質を抗原として認識しないため，ウマの血清を注射した場合，ウマのタンパク質に対する抗体を産生しない。

⑤ 血清を注射することで，毒素に対する免疫記憶を成立させることが可能である。

(センター試験本試＋追試・改)

解答 **問1** アー②　イー④　　**問2** ①

解説 **問2** ② キラーT細胞のもつがん細胞を直接攻撃する能力は，ワクチンによって与えられるものではない。

③ 血清中に含まれる抗体によるものなので，体液性免疫の応用。

④ ヒトの体内では，ウマの血清中に含まれるさまざまなタンパク質に対する抗体がつくられるなどの免疫応答が起こる。そのため，血清の投与を繰り返すことで，障害を引き起こすこともある。

⑤ 他の動物がつくった抗体を外部から与えても，記憶細胞の形成は誘導されない。毒素が血清中の抗体によって無毒化されるため，むしろ毒素に対する免疫記憶は成立しにくくなる。

PLUS **ABO 式血液型**

　　赤血球表面にある凝集原(抗原)と，それらに対する血しょう中にある凝集素(抗体)があり，それらのもち方の組合せで ABO 式血液型が決まっている。

① **凝集原**：赤血球の表面にある，抗原にあたる物質。AとBの2種類。

② **凝集素**：凝集原と抗原抗体反応を起こす，血清中にある抗体。α と β の2種類。

③ **赤血球の凝集反応**：凝集原Aと凝集素 α，凝集原Bと凝集素 β がともに存在すると，赤血球の凝集が起こる。赤血球の凝集反応の違いで，血液型を判定できる。

〔ABO 式血液型〕

血液型	A型	B型	AB型	O型
凝集原	A	B	AとB	なし
凝集素	β	α	なし	α と β
A型の血清	－	＋	＋	－
B型の血清	＋	－	＋	－

＋：凝集する，－：凝集しない

新型コロナウイルスのパンデミック

　2019年から世界的に大流行した新型コロナウイルス感染症（COVID-19）は，新型コロナウイルスの感染によって引き起こされる。新型コロナウイルスは，ゲノムが DNA ではなく RNA である RNA ウイルスで，感染すると，感染された細胞の中でウイルスのゲノム RNA が mRNA としてはたらいてウイルスタンパク質をつくり出す。また，RNA ウイルスは不安定な RNA を遺伝子としてもつために変異しやすい。

　新型コロナウイルスに対するワクチンとしては，mRNA ワクチンが人類史上初めて用いられた。mRNA ワクチンとは，一般的なワクチン（弱毒化・不活性化した病原体などを接種）と異なり，新型コロナウイルスのタンパク質の遺伝情報をもつ mRNA を細胞に入れて，ウイルスタンパク質を体内でつくらせるというワクチンである。その結果，ウイルスタンパク質に対する抗体がつくられるとともに，細胞性免疫もはたらいて，実際のウイルス感染を防いだり，発症しても重症化しないことが期待される。

　2023年のノーベル生理学・医学賞は，新型コロナウイルスの mRNA ワクチンの開発に大きな貢献したカリコとワイスマンに授与された。

mRNA ワクチンのしくみ

① mRNA ワクチンは，新型コロナウイルスの特定の部分（ウイルスの表面タンパク質など）の mRNA と，その mRNA を収めて保護する脂質の小胞からなる。
② ワクチンを接種されたヒト細胞に，mRNA が取り込まれる。
③ ヒト細胞によって新型コロナウイルスのタンパク質が合成される。
④ mRNA ワクチンからつくられたタンパク質は細胞外に提示される。このタンパク質は自己物質ではないので，これに対して特異的に反応するキラー T 細胞に出会うと，細胞性免疫が活性化される。
⑤ mRNA ワクチンからつくられたタンパク質は細胞外にも放出され，樹状細胞などの抗原提示細胞に取り込まれる。この断片が抗原提示され，これに対して特異的に反応するヘルパー T 細胞が活性化し，B細胞による抗体の産生も促進される。

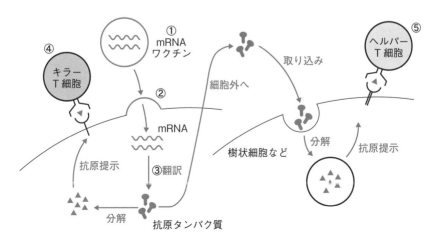

SUMMARY & CHECK

① ヘルパーT細胞に感染するヒト免疫不全ウイルス(HIV)が，重篤な免疫不全を生じるエイズ(後天性免疫不全症候群)の病原体である。

② 過剰な免疫応答であるアレルギーや，自己を構成する成分に対して免疫応答が起こる自己免疫疾患は，免疫のしくみが強くはたらき過ぎた結果引き起こされる。

③ ワクチンを投与する予防接種は，**感染症に対する予防を狙う**ものである。他の動物が産生した抗体を含む血清を，毒素が体内に侵入したヒトに注射する血清療法は，**毒素の排除を狙う治療法**である。

次の文章（**A・B**）を読み，後の問い（**問1～4**）に答えよ。

A　ₐチロキシンは，生体内の代謝を促進するホルモンであるが，カエルでは変態にも必須で，幼生（オタマジャクシ）の血液中のチロキシン濃度は，変態の進み具合に応じて変化する。また，幼生の飼育水にチロキシンを加えておくと，加えていない場合よりも変態が速く進む。この現象に着目し，アフリカツメガエルの幼生を使って，変態に影響を及ぼすことがわかっている化学物質Xが，チロキシンの作用を阻害するか，それとも増強するかを調べることにした。変態の進み具合は，幼生の形態的変化を指標にして数値化（以下，形態指標）できる。血液中のチロキシンが検出可能となる濃度まで上昇した幼生の形態指標を1に設定したところ，その後の経過日数に対する形態指標および血液中のチロキシン濃度は，図1のように変化した。これを参考に，**実験1**を行った。

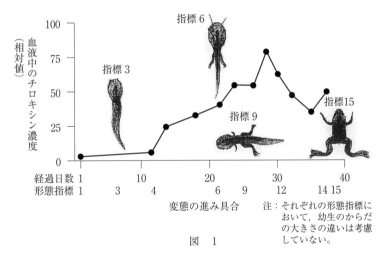

図　1

注：それぞれの形態指標において，幼生のからだの大きさの違いは考慮していない。

実験1　形態指標1の幼生を数匹ずつ4つの水槽に入れ，それぞれ「対照実験群（飼育水のみ）」，「チロキシン投与群」，「化学物質X投与群」，「チロキシンおよび化学物質X投与群」とした。温度や餌，明暗周期などの条件をすべて同一にして飼育し，3週間後の形態を形態指標に基づいて比較した。なお，投与したチロキシンおよび化学物質Xの濃度は，いずれの投与群でも，それぞれ等しいものとする。

問 1 下線部 a に関連して，カエルがヒトやマウスと同じ機構でチロキシンの分泌調節を行っていると仮定する。カエルの成体から次の器官ア〜ウを摘出し，すりつぶしてそれぞれの抽出液を作り，形態指標1の幼生に注射した場合，変態が速く進むと考えられるホルモンを含んでいるものはどれか。それを過不足なく含むものを，後の①〜⑦から一つ選べ。

ア．間脳の視床下部　　　イ．脳下垂体　　　　ウ．甲状腺

① ア　　　　　　② イ　　　　　　③ ウ　　　　　　　④ ア，イ

⑤ ア，ウ　　　　⑥ イ，ウ　　　　⑦ ア，イ，ウ

問 2 図2は**実験1**の結果であり，Ⅰ〜Ⅳは**実験1**の4つの処理群のいずれかに相当する。図1と比較すれば，Ⅰ〜Ⅳのうち対照実験群に相当するものがわかるので，化学物質Ｘがチロキシンの作用を阻害しているか，あるいは増強しているかがわかる。Ⅲ・Ⅳに相当する処理として最も適当なものを，次の①〜④のうちからそれぞれ一つずつ選べ。

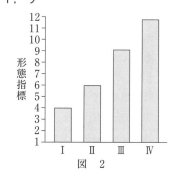

図　2

① 対照実験群

② チロキシン投与群

③ 化学物質Ｘ投与群

④ チロキシンおよび化学物質Ｘ投与群

B ホルモンの作用を知るため，マウスの特定の器官を除去し，その影響を調べる実験が行われることがある。実験に用いるマウスは，室温を一定に保った清潔な飼育室で，飼料と水を常時与えられて飼育される。マウスの内分泌腺から分泌されるホルモンのはたらきと，脳下垂体のはたらきを調べるために，以下の**実験2**と**実験3**を行った。

実験2 マウスのある内分泌腺を除去したところ，そのマウスは尿を多量に出すようになった。

実験3 マウスの脳下垂体を除去した。

問 3 **実験2**の結果から，除去された内分泌腺が分泌していた可能性のあるホルモンとして最も適当なものを，次の①〜④から一つ選べ。

① ぼうこうを拡張させるホルモン

② 尿をつくらせるホルモン

③ 小腸の機能に関係したホルモン

④ 腎臓の機能に関係したホルモン

問4 **実験**3のマウスの体内で起こると考えられる変化として最も適当なものを，次の①〜④から一つ選べ。

① アドレナリンの分泌が低下するので心拍数が上昇する。

② 糖質コルチコイドの分泌が低下するので酸素消費量が減少する。

③ 放出ホルモンの分泌が低下するので血圧が下がる。

④ バソプレシンの分泌が低下するので血糖濃度が高くなる。

（共通テスト追試＋センター試験本試・改）

次の文章（**A・B**）を読み，後の問い（**問1〜4**）に答えよ。

A　免疫は，自己と非自己を区別するしくみで，さまざまな細胞が関与する。臓器移植における免疫反応で重要な役割を果たすのはT細胞で，ヒトの場合，T細胞は自分と他人の細胞表面にあるMHC抗原（MHC分子）という個体に固有なタンパク質の構造の違いを認識する。MHC抗原の情報をもつ対立遺伝子には優劣の差がないため，母親と父親由来の両方のタンパク質が発現する。MHC抗原の認識にはT細胞表面のタンパク質が関与し，自分の細胞上のMHC抗原は異物として認識しないため反応は起こらないが，他人のMHC抗原は異物（＝非自己）と認識して免疫系が活性化される。活性化されたT細胞は，非自己と認識された移植片を攻撃して排除する。また，この移植片に対してB細胞も活性化され，移植片に対する抗体が産生される。その結果，移植片は抗体を介した免疫反応によっても排除される。一方，自己のMHC抗原は自己のT細胞表面のタンパク質によって認識されず免疫系による攻撃を受けることはない。そのしくみは免疫寛容と呼ばれ，その個体が全身で発現するタンパク質を胸腺で発現させ，これらに反応する特定のタンパク質をもつT細胞を排除するしくみなどが関係している。

　　マウスを用いて臓器移植に関する次の**実験1**と**実験2**を行った。

実験1　遺伝的に異なるAマウス（遺伝子型AA）とBマウス（遺伝子型BB）を交配して生まれた子（F_1；遺伝子型AB）が成体になった時点で，次の@〜©のような皮膚移植を行った。なお，Bマウスの皮膚をAマウスに移植すると，移植片は生着することなく拒絶された。これはBマウスの遺伝子BがつくるMHC抗原がAマウスのT細胞表面にある特定のタンパク質によって認識され，攻撃を受けたからである。

　@　Aマウスの皮膚をBマウスに移植する。

　ⓑ　F_1マウスの皮膚をAマウスに移植する。

　©　Bマウスの皮膚をF_1マウスに移植する。

実験2　実験1で用いたAマウス，Bマウスとは遺伝的に異なるCマウス（遺伝子型CC）を用意した。ただし，このCマウスは先天的に胸腺を欠如していることに起因する免疫不全マウスである。このとき，Cマウスの新生子マウスにAマウスの胸腺を移植し，安定に生着した後に，このマウスにAまたはBマウスの皮膚を移植した。なお，マウスは出生段階では免疫

系が成熟しておらず，出生後しばらくの間に免疫系が成立していく。

問1 実験1で，ⓐ〜ⓒのうち移植片が生着するものはどれか。それを過不足なく含むものを，次の①〜⑦から一つ選べ。

① ⓐ   ② ⓑ   ③ ⓒ   ④ ⓐ，ⓑ

⑤ ⓐ，ⓒ   ⑥ ⓑ，ⓒ   ⑦ ⓐ，ⓑ，ⓒ

問2 実験2で，Aマウスの胸腺を移植したCマウスには，A，Bのどのマウスの皮膚移植片が生着するか。該当するマウスと生着した理由の組合せとして最も適当なものを，次の①〜⑥から一つ選べ。ただし，移植された胸腺は，通常のマウスと同様の機能をCマウス体内でも示し，皮膚移植と移植片の生着の確認は，移植を受けたCマウスが死亡する前に行われたものとする。

<table>
<tr><th></th><th>生着するマウス</th><th>理　　由</th></tr>
<tr><td>①</td><td>Aマウスのみ</td><td>AマウスのMHC抗原を異物と認識するT細胞が，胸腺で取り除かれるようになる。</td></tr>
<tr><td>②</td><td>Aマウスのみ</td><td>T細胞の分化・成熟が一切みられないため，AマウスのMHC抗原でも異物と認識されない。</td></tr>
<tr><td>③</td><td>Bマウスのみ</td><td>BマウスのMHC抗原を異物と認識するT細胞が，胸腺で取り除かれるようになる。</td></tr>
<tr><td>④</td><td>Bマウスのみ</td><td>T細胞の分化・成熟が一切みられないため，BマウスのMHC抗原でも異物と認識されない。</td></tr>
<tr><td>⑤</td><td>AマウスとBマウス</td><td>AマウスやBマウスのMHC抗原を異物と認識するT細胞が，胸腺で取り除かれるようになる。</td></tr>
<tr><td>⑥</td><td>AマウスとBマウス</td><td>T細胞の分化・成熟が一切みられないため，AマウスやBマウスのMHC抗原でも異物と認識されない。</td></tr>
</table>

B 細菌に対する免疫のしくみを知るために，新たに，健常なマウスDを複数個体準備した。マウスD1に細菌Xの死菌を，マウスD2に細菌Yの死菌を，1カ月おきに2回注射した。2回目の注射の1カ月後にマウスD1，マウスD2から血清を得て，抗体を精製した。これらをそれぞれ抗体D1，抗体D2として，次の実験3と実験4を行った。

実験3 抗体D1または抗体D2と，細菌Xまたは細菌Yを混合した。30分放置後，顕微鏡で観察して細菌の凝集の有無を調べたところ，表1の結果が得られた。細菌の凝集とは，細菌（抗原）と抗体の間で，抗原抗体反応が起こっていることを示す。

表1　細菌の凝集の有無

○…凝集あり　　×…凝集なし

	細菌X	細菌Y
抗体D1	○	×
抗体D2	×	○

実験4 マウスD1とマウスD2のひ臓から白血球を分離し（白血球D1，白血球D2），それぞれを培地に懸濁した。それぞれの白血球懸濁液を3つに分け，細菌Xと抗体D1の混合物，細菌Xと抗体D2の混合物，または細菌Xのみを加えた。加えた細菌の量はいずれも同じであった。細菌を加えた30分後に顕微鏡で観察したところ，細胞内に細菌を取り込んだ白血球が観察された。全白血球中における，細菌を取り込んだ白血球の割合（貪食率）を計数したところ，表2のような結果になった。

表2　白血球の貪食率

	白血球D1	白血球D2
細菌X	10%	10%
抗体D1＋細菌X	30%	ア
抗体D2＋細菌X	イ	10%

問3 白血球は抗体のうち，抗体D1と抗体D2のいずれにも共通に備わっている部分と結合し，抗原と抗体の集合体を貪食する。表2の空欄 ア ， イ はどのような割合になると予測されるか。実験誤差は無視できるものとし，予測される割合として最も適当なものを，次の①〜④からそれぞれ一つずつ選べ。ただし，同じものを繰り返し選んでもよい。

① 0% ② 10% ③ 20% ④ 30%

問4 抗体D1は，主に細菌Xの成分Qと結合することがわかっている。成分Qは単独では白血球に貪食されず，白血球のはたらきに影響を与えることもない。細菌や細胞の濃度などは表2の場合と同じ条件にした上で，抗体D1と過剰量の成分Qをあらかじめ混合し，30分後に細菌Xを加えた。これを白血球D1に加えると，細菌Xに対する貪食率は，成分Qを加えなかったときの値に比べ，どのようになると予測されるか。また，一連の実験で貪食を

行っている白血球は，どのような種類のものか。最も適当な組合せを，次の①〜⑥から一つ選べ。

	予　測	白血球の種類
①	低くなる	T細胞やB細胞
②	低くなる	好中球やマクロファージ
③	変わらない	T細胞やB細胞
④	変わらない	好中球やマクロファージ
⑤	高くなる	T細胞やB細胞
⑥	高くなる	好中球やマクロファージ

（大阪薬科大・改＋北里大・改）

CHAPTER 3

生物の多様性と生態系

18 植生と環境
Vegetation and environment

GUIDANCE 植物は周囲の環境からどのような影響を受け，また環境に対してどのような影響を与えているのかを学んでいこう。また，植物は光合成を行うことで有機物を生産する。光の強さと光合成の進み方にはどのような関係があるのかを理解しよう。

POINT 1 植生の分類

ある地域に生育している植物の集まりを植生といい，外観上の様相である相観に基づいて分類する。占有している面積が最も大きく，相観を決定づける種を優占種という。相観には次のようなものがある。

① 荒原：植物の生育に厳しい気温や降水量の地域。草本や低木がまばらに生育。

② 草原：乾燥気味の大陸内陸部など。主に草本から構成される草原が成立。

③ 森林：降水量が十分であると，樹木(主に高木)が密に生育する森林が成立。

POINT 2 植生を構成する植物

適応の結果，生育する環境に適した植物の生活様式と形態を生活形という。

① 一年生草本：種子が発芽してから，1年以内に開花・結実して枯死する草本植物。生育不適な時期を種子で過ごす。

② 多年生草本：地上部が枯死しても地下部が栄養を蓄え，2年以上生存する草本植物。

③ 木本植物：茎や根が発達した樹木。茎・枝・根は越冬し，長期間生存する。

広葉樹・針葉樹：葉の形態からの分類。

常緑性・落葉性：1年中葉を落とさないか，冬や乾季に葉を落とすかの分類。

PLUS ラウンケルの生活形

ラウンケル(デンマークの植物学者)は，植物が乾燥や低温などの生育不良期につける休眠芽の位置に注目して，植物の生活形を右表のように6つに分類した。

分 類	休眠芽の位置	植物例
地上植物	地上 30 cm 以上	ブナ・マツ・ユーカリ
地表植物	地上 30 cm 以下	ヤブコウジ・コケモモ
半地中植物	地表(0 cm)	タンポポ・ススキ
地中植物	地中	オニユリ・カタクリ
一年生植物	種子	ブタクサ・メヒシバ
水中(水生)植物	水中・水中の地下	アシ・ガマ・ハス

① 温暖な地域では，地上植物の割合が高い。

② 砂漠のような乾燥地では，一年生植物が適応的。

③ 高緯度地域や高山のような寒冷地では，半地中植物や地表植物が適応的。

POINT 3 森林の階層構造

① **階層構造**：森林では，高さや光の要求度の異なる植物が，林冠から林床に向けて垂直方向に階層構造を発達させる。階層構造は，熱帯多雨林や照葉樹林ではよく発達するが，針葉樹林ではあまり発達しない。

② **光の減衰**：光はほとんど高木層の葉に吸収され，林床では林冠の数％以下の相対照度となる。そのため，低木層や草本層には，比較的弱い光でも生育できる植物が生育する。

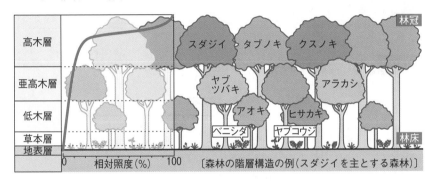

〔森林の階層構造の例（スダジイを主とする森林）〕

POINT 4 光合成曲線

植物は，光合成によってCO_2を吸収(O_2を放出)[1]し，呼吸によってCO_2を放出(O_2を吸収)[2]する。そのため，CO_2の吸収量や放出量(O_2の放出量や吸収量)から，光合成や呼吸の速度[3]を求めることができる。

[1] 光合成
CO_2+H_2O
$\longrightarrow C_6H_{12}O_6+O_2$

[2] 呼吸
$C_6H_{12}O_6+O_2$
$\longrightarrow CO_2+H_2O$

[3] 単位時間あたりに進行した光合成や呼吸の量(変化量)。

異なる光の強さの下で進行する呼吸や光合成の速度

(1) **暗黒条件**：光合成は全く進行せず，呼吸(CO_2の放出)のみが起こる。これを呼吸速度とする。

(2) **中程度の光の強さ**：温度が一定ならば，呼吸速度は光の強さに依存せず一定と考える。光を強めていくに従い，光合成速度だけが大きくなっていく。

　① **光補償点**：呼吸速度＝光合成速度となり，見かけ上，気体の出入りがなくなる光の強さを光補償点という。光補償点の光の強さが与えられ続けた場合，植物は枯れもしないし成長もしない[4]。光補償点よりも強い光の強さで

[4] 自然条件下では夜があるため，夜間の呼吸量を補うためには，昼間には光補償点を超える光の強さが必要。

は，**呼吸速度＜光合成速度となる。**

② **見かけの光合成速度**：光補償点以上の光の強さにおける CO_2 の吸収速度（光合成速度から呼吸速度を差し引いたもの）を見かけの光合成速度という。実際の光合成速度は，見かけの光合成速度＋呼吸速度である。

(3) **十分な強光条件**：その環境条件では，それ以上光の強さを強くしても光合成速度が大きくならない光の強さを光飽和点という。

暗黒
呼吸のみが進行

呼吸による
CO_2 放出

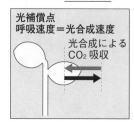
光補償点
呼吸速度＝光合成速度

光合成による
CO_2 吸収

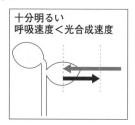
十分明るい
呼吸速度＜光合成速度

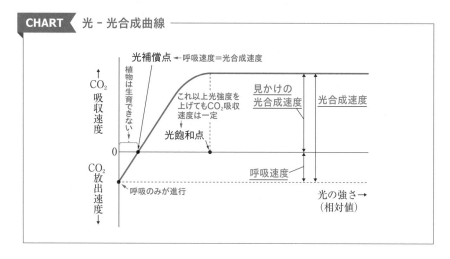

CHART 光 − 光合成曲線

CO_2 吸収速度

植物は生育できない

光補償点 ←呼吸速度＝光合成速度

これ以上光強度を上げてもCO_2吸収速度は一定

光飽和点

見かけの光合成速度

光合成速度

0

呼吸速度

CO_2 放出速度

呼吸のみが進行

光の強さ→
（相対値）

POINT 5 植物の光環境に対する適応

① **陽生植物**：光飽和点が高く，強光条件でも光飽和に達しにくい植物を陽生植物[5]と呼ぶ。

➡ **強光条件で見かけの光合成速度が大きい**ため，多くの有機物を蓄積して日当たりのよい場所で優勢に生育できる。ススキ・アカマツなど。

② **陰生植物**：呼吸速度が小さいため光補償点が低く，光飽和点も低い植物を陰生植物[5]と呼ぶ。

[5]相対的な違いにすぎず，絶対的なものではない。

➡ **弱光条件でも見かけの光合成速度を正にしやすい**ため，林床などのやや暗い光環境でも生育できる。ベニシダ・アオキなど。

③ **陽葉と陰葉**：1個体の植物体でも，日当たりのよいところにつく<u>陽葉</u>は厚くて小さく，植生の下層などの日当たりのよくないところにつく<u>陰葉</u>は，薄くて大きい。光合成の特徴は，陽葉は<u>陽生植物</u>に，陰葉は<u>陰生植物</u>に似る。

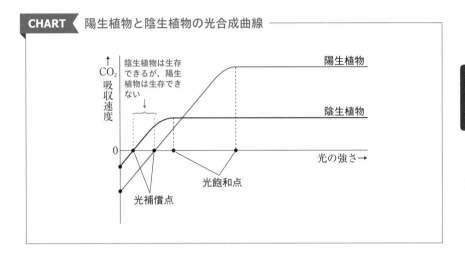

CHART 陽生植物と陰生植物の光合成曲線

陰生植物は生存できるが，陽生植物は生存できない

↑ CO_2 吸収速度

陽生植物

陰生植物

光の強さ→

0

光飽和点

光補償点

TECHNIQUE 光合成曲線の計算

例題 　右図は 2 種類の植物（a，b）にいろいろな強さの光を照射して，二酸化炭素の吸収量を調べたものである。

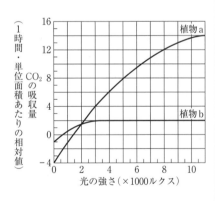

（1） 図中の植物 a について，3000ルクスのときの光合成速度の 2 倍になる光の強さを求めよ。

（2） 図中の植物 a と植物 b の重量増加が同じになるようにするためには，何ルクスの光を照射し続けるとよいか。

（3） 図中の植物 a と植物 b に3000ルクスの光を12時間照射したのち，暗所に12時間置くという処理を繰り返すと，重量の増減はどうなるか。重量の増減は二酸化炭素の吸収と放出のみで考え，「植物 a は重量が減少するが，b は重量が変化しない」のように答えよ。

CHAPTER 3 生物の多様性と生態系

18 植生と環境 | 179

いずれの問いも，呼吸速度，見かけの光合成速度，光合成速度の読み取りに気をつける。

呼吸速度：それぞれのグラフの y 切片の数値に絶対値をつけたもの（**呼吸速度は，ふつうマイナスの数値にならない**）。

見かけの光合成速度：y 成分の数値をそのまま読み取ったもの。

光合成速度：見かけの光合成速度と呼吸速度の和。

(1) 植物 a の3000ルクスにおける見かけの光合成速度は 4。呼吸速度は光の強さの影響を受けないと考え，光合成を行わず呼吸だけが進行している 0 ルクスのときの数値を読んで，呼吸速度 = 4。したがって，

$$3000ルクスにおける光合成速度 = 4 + 4 = 8$$

求めるのは，光合成速度が $8 × 2 = 16$ となる光強度である。

$$光合成速度 = 見かけの光合成速度 + 呼吸速度$$

に，光合成速度 = 16，呼吸速度 = 4 を代入して，

$$見かけの光合成速度 = 16 - 4 = 12$$

とわかる。よって，y 成分が12となっている光の強さを探すと，**8000ルクス**である。

(2) 重量増加の多少は，光合成速度から呼吸速度を差し引いた，見かけの光合成速度で評価できる。

植物 a と b の見かけの光合成速度は，2000ルクスで同じ（+ 1.5程度）になっている。つまり，この強さの光を照射し続けると，同程度の有機物を蓄積して同じだけの重量増加が見込まれる。したがって，**2000ルクス**の光を照射し続ければよい。

(3) 植物 a について，3000ルクスの光の強さでの見かけの光合成速度 = 4 なので，12時間照射されている間に植物体に蓄積される有機物は二酸化炭素換算で $4 × 12 = 48$ である。また，呼吸速度は常に 4 だから，暗所に12時間置く間に消費される有機物は二酸化炭素換算で $4 × 12 = 48$ である。したがって，この処理の間で**植物 a の重量は増減しない**。

植物 b について，3000ルクスの光の強さでの見かけの光合成速度 = 2 なので，12時間照射されている間に植物体で増加する有機物は $2 × 12 = 24$。また，呼吸速度は常に 1 だから，暗所に12時間置く間に消費される有機物は $1 × 12 = 12$ である（いずれも二酸化炭素換算）。したがって，この処理の間で**植物 b の重量は $24 - 12 = 12$ だけ増加する**。

したがって，一連の処理の後，**植物 a は重量が変化しないが，b は重量が増加する**。

EXERCISE 53 ● 光の強さと光合成

光の強さが光合成に与える影響を調べるために，次の**実験1**を行った。

実験1 ある樹木Xの陽葉を大気中で20℃に保温し，照射する光の強さを変えて葉の面積あたりの酸素放出量の時間的な変化を調べた（右図）。ただし，酸素放出量は，光の照射開始後に放出された酸素の総量である。7段階の光の強さは，光強度

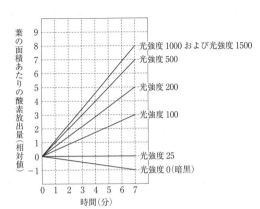

0（暗黒），25，100，200，500，1000，および1500という相対値で示した。光強度1000と光強度1500のときの酸素放出量は同じであった。暗黒下では，酸素の放出ではなく吸収がみられた。なお，樹木Xの呼吸速度は光の強さによらず一定であるものとする。

問1 **実験1**の結果が示す酸素放出量は，見かけの光合成速度を反映している。これは，植物が実際に行っている光合成の速度とは異なる。**実験1**の結果から考えられる樹木Xに関する記述として最も適当なものを，次から一つ選べ。

①　光強度100のときの見かけの光合成速度は，光強度25のときの見かけの光合成速度の4倍である。

②　光強度200のときの見かけの光合成速度は，光強度100のときの見かけの光合成速度の2倍である。

③　光強度500のときの光合成速度は，光強度100のときの光合成速度の2倍である。

④　光強度1000のときの光合成速度は，光強度25のときの光合成速度の8倍である。

問2 陽葉と陰葉の一般的な性質に基づいて予想した樹木Xの陰葉に関する記述として最も適当なものを，次から一つ選べ。

①　陰葉の光補償点は光強度25以上である。

②　陽葉の光飽和点と同じ光強度での見かけの光合成速度を比べると，陰葉が陽葉より大きい。

③　陰葉の暗黒下での酸素吸収速度は陽葉と同じである。

④　陰葉の光飽和点は光強度1000以上である。

⑤　光強度に関係なく，見かけの光合成速度は陰葉が陽葉より大きい。

⑥　光強度25の光を陰葉に照射すると，酸素の放出がみられる。

（センター試験本試）

解答 問1 ③　　問2 ⑥

解説 あまり見慣れないグラフのように思えるかもしれないが，7分のところの数値を使って一般的なグラフの形に直すと次のようになる。

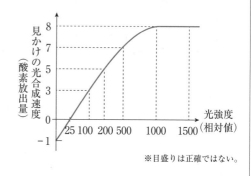

※目盛りは正確ではない。

問1 すべて時間7分で考える。

①　光強度100のとき，見かけの光合成速度＝3，光合成速度＝3＋1＝4，光強度25のときに見かけの光合成速度＝0，光合成速度＝0＋1＝1である。4倍になっているのは，見かけの光合成速度でなく，光合成速度である。

②　光強度200のとき，見かけの光合成速度＝5，光強度100のとき見かけの光合成速度＝3である。見かけの光合成速度は2倍になっていない。

③　光強度500のとき，光合成速度＝見かけの光合成速度＋呼吸速度＝7＋1＝8である。同じく光強度100のときは光合成速度＝3＋1＝4である。

④　光強度1000のとき，見かけの光合成速度＝8，光合成速度＝8＋1＝9，光強度25のとき見かけの光合成速度＝0，光合成速度＝0＋1＝1である。

問2 実験1では陽葉が利用されている。この陽葉に比較して，同じ樹木Xの陰葉は，呼吸速度が小さく，光補償点が低いはず。また，陽葉は，光飽和点が高いために容易には光飽和に達しにくく，強光条件で大きな（見かけの）光合成速度を示す傾向にある。

①,⑥　陽葉の光補償点は光強度25なので，陰葉の光補償点は25よりも低い。そのため，光強度25の光を陰葉に照射すると見かけの光合成速度が正となり，酸素の放出（二酸化炭素の吸収）がみられる。

②　陰葉は陽葉より弱い光強度で光飽和に達するので，陽葉の光飽和点では陽葉より見かけの光合成速度は小さい。

③　陽葉に比較して，陰葉の呼吸速度は小さい。そのため，暗黒下での酸素吸収速度（二酸化炭素放出速度）は小さくなる。

④ 陽葉の光飽和点は，光強度500から1000の間にあり，陰葉の光飽和点はこれよりも低い。

⑤ 弱光条件においては，見かけの光合成速度について，陰葉が陽葉に勝る光強度の領域がある。陰葉は弱光条件でも見かけの光合成速度を正にでき，その有機物収支の大きさで植物全体の生育に寄与する。

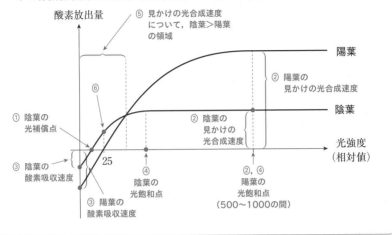

POINT 6 土壌の構造

土壌は，<u>岩石</u>が<u>風化</u>して粒状になった<u>無機物</u>に，植物からの落葉や落枝が分解されてできた<u>有機物</u>からなる。

<u>母岩</u>（<u>母材</u>）の上に成立した森林土壌では，上部には堆積した落葉や落枝が土壌動物や微生物によって分解を受けた<u>腐植</u>に富む層があり，下部に向かうほど有機物が乏しくなる。

6 CO（一酸化炭素）と CO_2 以外の，炭素（C）を含む化合物。生物体は，基本的に有機物から構成されている。

CHART 森林の土壌の構造

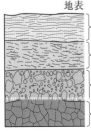

地表

落葉層：落葉・落枝などでできた層。

腐植層：落葉・落枝が分解されてできた，有機物に富む層。

岩石が風化した層：樹木の根はここまで達する。

母岩の層：風化する前の岩石の層。

EXERCISE 54 ●森林の土壌

森林の土壌について，次の各問いに答えよ。

問1 森林の土壌にみられる層状の構造に関して，ァ土壌の表層，ィその次の層（中層），ゥさらに下の層（下層）に分布するものとして最も適当なものを，次からそれぞれ一つずつ選べ。

① 腐植 ② 風化した岩石 ③ 落葉・落枝 ④ 母岩

問2 森林の土壌に含まれている有機物の量に関する記述として最も適当なものを，次から一つ選べ。

① 下層に向かうほど，含まれる有機物の量は多くなる。

② 下層に向かうほど，含まれる有機物の量は少なくなる。

③ 表層と下層で，含まれる有機物の量に差はない。

(センター試験追試・改)

解答 問1 ア－③ イ－① ウ－② 問2 ②

解説 地上で生育する樹木などから，有機物である落葉や落枝が供給される。

SUMMARY & CHECK

① さまざまな環境への<u>適応</u>の結果，それぞれの場所で生育する植物は異なる<u>生活形</u>をもつ。それぞれの<u>植生</u>の相観は<u>優占種</u>によって決まる。

② 湿潤な環境では，<u>森林</u>が成立することが多い。森林は<u>階層構造</u>がよく発達するが，<u>林冠</u>でかなり光が吸収され<u>林床</u>に達する光はわずかである。林床には，弱光条件でも生育できる<u>陰生植物</u>がみられる。

③ 植物が成長するには，光合成速度から呼吸速度を差し引いた<u>見かけの光合成速度</u>が0となる<u>光補償点</u>よりも強い光の強さが必要である。

④ 陽生植物に比べて，陰生植物の<u>光補償点</u>と<u>光飽和点</u>は低く，<u>呼吸速度</u>は小さい。強光条件では，光飽和点の高い<u>陽生植物</u>が，多くの有機物を生産・蓄積できて適応的である。

⑤ 森林土壌には層状の構造がみられ，上層から下層にかけて含まれる有機物の割合が<u>低下</u>する。落葉・落枝などでできた層の下には，落葉・落枝が分解されてできた<u>腐植</u>に富む層がある。

19 植生の遷移
Succession of vegetation

GUIDANCE　空き地を放置すればあっという間に草本が生い茂る。もっと長期間放置されれば背丈の低い木本が生育し，そのうちにうっそうとした森林になることも想像に難くない。時間経過とともに，構成する植物種や相観が変化していく植生の遷移の分類や過程，遷移が進行するしくみを学ぼう。

POINT 1　遷移の分類

植生が年月とともに移り変わっていく遷移は，次の2つに大別できる。

① **一次遷移：植物が生育しておらず，土壌もない状態から開始する遷移を一次遷移**という。植物の侵入や土壌の形成に時間を要し，**ゆっくりと**進行する。

　一次遷移のうち，火山の噴火でできた溶岩台地や海底火山の噴火でできた新しい島などの陸上の裸地から始まる遷移を乾性遷移，湖沼などから始まる遷移を湿性遷移という。

② **二次遷移**：山火事や森林伐採跡地，耕作放棄地など，すでに土壌が存在し，土壌中に**植物の根・地下茎や種子（埋土種子）が存在**する状態から開始する遷移を二次遷移という。土壌の形成にかかる時間がなく，遷移は**短期間**で進行する。

EXERCISE 55　●遷移の分類

　噴火直後の溶岩台地から始まり森林に至る遷移と，森林伐採の跡地から始まる遷移とでは，遷移の進行過程が異なる。このことに関して述べた，次の文中の空欄に入る語として最も適当なものを，後の①〜⑧からそれぞれ一つずつ選べ。

　森林伐採の跡地などから始まる遷移が ア と呼ばれるのに対して，噴火直後の溶岩台地から始まり森林に至る遷移は イ と呼ばれる。 ア では，遷移の始まりから ウ などを含む エ が存在するため， ア の進行は， イ の進行と比べて， オ 。

① 一次遷移　　② 二次遷移　　③ 種子や根　　④ 土壌
⑤ 風化した岩石　⑥ 母岩（母材）　⑦ 遅い　　⑧ 速い

（センター試験本試・改）

> 解答 ア-②　イ-①　ウ-③　エ-④　オ-⑧
>
> 解説 植物の種子や根・地下茎などを含む土壌が存在する二次遷移は，植物の侵入や土壌形成に要する時間が短縮され，一次遷移に比較して速く進行する。

POINT 2 乾性遷移の過程

陸上の裸地から始まる一次遷移を乾性遷移という。実際には遷移はさまざまな要因によって進行するため，その過程は一様ではないが，→1

裸地 → 荒原 → 草原 → 低木林 → 高木林(陽樹林 → 混交林 → 陰樹林)の順に進行するモデルが一般的。

乾性遷移の過程

① **裸地から荒原へ**：土壌がないため，水分や栄養塩類に乏しい。→2

➡ 乾燥や貧栄養に耐えられる地衣類やコケ植物だけが生育できる。遷移の初期段階で侵入するものを，先駆種(先駆植物，パイオニア植物)という。

② **荒原から草原へ**：生物の遺骸や岩石の風化によって土壌が形成されてくる。

➡ ススキやイタドリのような草本が部分的に生え，周囲に広がっていく。前年の同化産物を次年度の初期成長に利用できる多年生草本が有利である。→3

③ **草原から低木林へ**：草本の定着で土壌の形成がさらに進み，地表付近の湿度が上昇する。

➡ それまで侵入できなかった木本植物も生育できるようになり，低木林となる。このような遷移の初期に現れる樹木を先駆樹種という。

④ **陽樹林**：低木林では，まだ地表に当たる光の量が多い。

➡ 強光条件では，光飽和点が高い陽生植物が優勢に生育し陽樹林となる。暖温帯では，低木のヤシャブシやウツギ，高木になるアカマツやコナラがよく見られる。

⑤ **混交林**：陽樹の生育に伴って高木層に葉が広がり，林冠が閉じ，林床に届く光の量が減少する。

➡ 光補償点が高い陽樹の幼木は生育しにくいが，陰樹の芽生えは光補償点が低いので陽樹林の林床でも生育で→4

1 溶岩が流れた後の溶岩台地に，高木であるアカマツだけが生育しているようすを目にすることもある。実際には，そう単純ではない。

2 先駆種のなかには，大気中の窒素ガスを取り込んで窒素源として物質合成ができる生物と共生しているものがみられる。

3 二次遷移の初期には一年生草本が多くみられる(p.188のPOINT3 参照)。

4 陰樹のなかには，大きく育つと陽樹に似た光合成特性を示すようになるものもある。

き，陽樹の成木に陰樹が混じった混交林になる。

⑥ **陰樹林**：やがて陽樹が枯死すると，陰樹だけの林となる。

➡ 陰樹の幼木は光補償点が低いので，陰樹林の林床に届く弱い光の下でも生育できる。そのため，陰樹林は比較的安定に維持される。この状態を極相（クライマックス）といい，この時期の森林を極相林という。遷移の後期に現れる樹種を極相樹種という。

⑤日本では，ほとんどの地域で陰樹が極相となる。

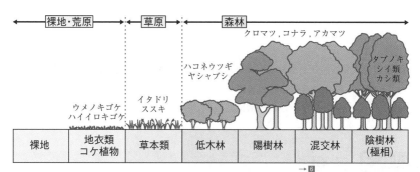

〔乾性遷移の過程（本州中部地方（暖温帯）の例）〕

→⑥

⑥冷温帯や亜寒帯では，異なる遷移系列になる。

PLUS

植生の遷移を調べるには…

　裸地から始まり極相に達するまでには長い時間（500〜1000年以上ともいわれる）がかかり，植生の遷移のようすを実際に観察することは非常に難しい。そこで，伊豆諸島の三宅島や伊豆大島のような，火山活動が活発で頻繁に噴火を繰り返す火山島を調査する。

　噴火が起きて溶岩が流れたり，火山れき（火山岩のかけら）が噴出したりして植生が破壊された時点からの経過時間が異なる複数地点の現在の植生を調べる。これを年代の新しいものから古いものへと順に並べると，その地域における遷移の系列を推定できる。

EXERCISE 56 ●遷移の系列の推定

　次ページの表１は，同じ気候帯に属し，標高もほぼ等しい４つの火山A〜Dの麓にみられる植生を表したものである。それらの山麓は，過去の異なる時期の噴火によって裸地になった。山麓の植生からみて，表１の火山A〜Dのうち，最初に噴火が終わったと考えられる火山として最も適当なものを，後の①〜④から一つ選べ。

表　1

火　山	山麓の植物群落
A	明るい所で芽生えがよく育つクロマツの林がある。
B	ススキ，イタドリなどの植物がまばらに生えている。
C	ヤシャブシなどの低木の林がある。
D	光の弱い所で芽生えがよく育つアラカシなどの林がある。

① 火山A　② 火山B　③ 火山C　④ 火山D

(センター試験追試)

解答 ④

解説　A－陽樹林，B－荒原から草原への移行段階，C－低木林，D－陰樹林であると考えられ，この気候帯ではB→C→A→Dのように植生が変遷していく。したがって，最も遷移の後方の段階にあるDが，最初に噴火が終わった火山である。

POINT 3　二次遷移

　土壌がある状態から始まる遷移。土壌の形成にかかる時間がなく，土壌中に埋土種子や根などの地下部，切り株からの萌芽などがあるため，遷移は短期間に進行する。

① **一年生草本の生育**：耕作放棄地では土壌中の栄養塩類が豊富なため，1年以内に成長し種子をつけるシロザのような一年生植物が繁茂することが多い。

② **萌芽更新**：森林伐採跡地では，切り株から新しい芽（萌芽）が伸びることがある。

③ **二次林**：伐採などによって森林が破壊されると，その後には二次林が成立する。二次林は遷移が進行すると極相の陰樹林となるが，伐採が頻繁に繰り返されると，温帯ではクヌギやコナラなどの陽樹から構成される雑木林が維持される（p. 225 **POINT 3** 里山の生態系　参照）。

POINT 4　湿性遷移

　陸地から始まる遷移（乾性遷移）に対して，湖沼などから始まる一次遷移を湿性遷移という。

湿性遷移の過程

① 周囲から土砂が流入して浅くなり，栄養塩類が増加して富栄養化する。

➡ 初期にはクロモなどの沈水植物が生育するが，ヒシなどの浮葉植物が水面を覆うと沈水植物は姿を消す。

② 植物遺骸の蓄積やさらなる土砂の流入で<u>湿原</u>へと変化する。

➡ 陸地化して草原になると，**乾性遷移と同様の過程**をたどる。

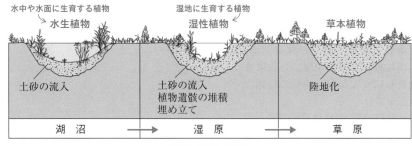

〔湿性遷移の過程〕

POINT **5** ギャップ

　高木が台風で倒れたり寿命で枯れたりすると，<u>林冠</u>が途切れて林内に光が入射する<u>ギャップ</u>ができる。極相林のギャップでは小規模な<u>二次遷移</u>が進行し，樹木の入れ替わりが起こる。このような高木の交代過程を<u>ギャップ更新</u>という。

① **小さなギャップ**：弱光が短時間入射するだけなので，<u>陽樹</u>の芽生えは生育できず，林床である程度まで生育していた<u>陰樹</u>の幼木がギャップを埋める。

➡ <u>陰樹林</u>が維持される。

② **大きなギャップ**：強光が長時間入射するので，土壌中の<u>陽樹</u>の種子が芽生えて成長を始める。

➡ 陰樹の幼木よりも後から発芽した陽樹が優勢に生育すると，部分的に<u>陽樹林</u>が成立する。

➡ <u>陽樹</u>と<u>陰樹</u>がモザイク状に入り混じった状態になる。

③ **極相林の多様性**：極相林全体にはさまざまな大きさのギャップが常に存在し，その結果，<u>生物多様性</u>が高く保たれる。

7陽樹の種子には，上方の植生が取り払われて光照射を受けると，休眠状態から目覚めて発芽を促進されるものがある。

8強光条件では，陽樹のほうが見かけの光合成速度が大きい。

9 p.229を参照。

強い光が林床に差し込む

⬇

陽樹が成長する

強い光は林床には届かない

⬇

陰樹が成長する

遷移の進行と種数の変遷

① **遷移初期**：遷移の進行に伴い，植生を構成する植物の種類数は増加する。

② **遷移中期**：樹木の侵入によって地表に到達する光が減少する。陽生植物の傾向が強い植物は生育しにくくなり，植物の種類は減少する。

③ **遷移後期**：森林は階層構造が発達するため，光の要求度が異なる多様な植物が生育できる。また，ギャップの存在によって種多様性はそれほど低くはならない。

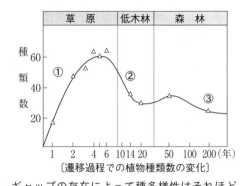

〔遷移過程での植物種類数の変化〕

先駆種（先駆樹種）と極相種（極相樹種）にみられる傾向

一般的傾向として，次のような違いがある。

〔先駆種と極相種の違い〕

	先駆種（先駆樹種）	極相種（極相樹種）
種子の大きさ	小さい	大きい
種子の散布力	大きい	小さい
植物体の耐乾性・耐貧栄養性	強　い	弱　い
光 補 償 点	高　い	低　い
植物の耐陰性	低　い	高　い
光 飽 和 点	高　い	低　い
強光条件下での見かけの光合成速度	大きい	小さい
植 物 の 成 長	速　い	遅　い
植物体の寿命	短　い	長　い
植物体の大きさ	小さい	大きい

EXERCISE 57 ●遷移の進行

次ページの表1は干拓地において，成立年代の異なる a ～ g の調査地の森林にそれぞれ 10 m×10 m の調査区を設け，そこに出現した植物の被度（それぞれの種が地面を覆っている面積の割合）を調べたもので，被度が 1 ％未満のものや出現回数の少ないものは省略してある。

表　1

調　査　地		a	b	c	d	e	f	g
干拓地の成立年代		1893	1821	1632	1579	1467	1180	770
高木層	アカマツ	5	2	2				
	タブノキ			4	4	4	2	
	スダジイ					2	4	5
亜高木層	タブノキ	1	3	2				
	サカキ				1	3	1	1
	ヤブツバキ				1	1	1	
	モチノキ					2	1	1
低木層	アカメガシワ	2						
	タブノキ	1	1	1	1	1	1	1
	ヤブツバキ				1	2	1	
	サカキ				1	1		1
	スダジイ						1	1
草本層	ススキ	1	1					
	ジャノヒゲ	4	1	1	1	3	1	1
	ヤブコウジ			1	1	1	2	2
	ヤブラン				1	1	1	

表中の数字1〜5は被度階級を示す。それぞれの被度階級が表す被度の範囲は次のとおりである。

1：1〜10％，2：11〜25％，3：26〜50％，4：51〜75％，5：76〜100％

問1　調査地全体で，明らかに陽生植物と考えられる種の組合せはどれか。最も適当なものを，次から一つ選べ。

① アカマツ・タブノキ・スダジイ

② アカマツ・アカメガシワ・ススキ

③ タブノキ・スダジイ・サカキ

④ ススキ・ジャノヒゲ・ヤブコウジ

問2　この地域では，陽樹林の成立から陰樹林に遷移するのにおよそ何年かかると考えられるか。最も適当なものを，次から一つ選べ。

① 50〜200年　　② 200〜350年　　③ 350〜500年

④ 500〜650年　　⑤ 650〜800年　　⑥ 800年以上

問3　この地域の極相林は何か。最も適当なものを，次から一つ選べ。

① アカマツ林　　② アカマツ・タブノキ林

③ タブノキ林　　④ スダジイ林

問 4 極相林の特徴に関する記述として**誤っているもの**を，次から二つ選べ。

① 森林の高さは遷移の途中相に比べて一番高く，4〜5層の階層が発達する。

② 林床には極相種の芽生えや幼木が存在する。

③ 林床が暗く，そこに生活する植物は耐陰性をもち，光補償点も高い。

④ 植物の種類は大きく変動しないが，森林を構成する個体は交代していて，繁殖による個体の増加と枯死による減少とがほぼつり合っている。

⑤ 老木の枯死や風害などで林冠に大きなギャップが開くと，先駆種が侵入して一次遷移が起こり，部分的再生を繰り返している。

⑥ 動物の種類が豊富で，食物網は複雑である。

⑦ 有機物の蓄積によって土壌が発達し，栄養塩類や保水力が増して，安定した塩類や水の循環が維持される。

(センター試験追試・改)

....

解答 問1 ②　問2 ②　問3 ④　問4 ③，⑤

解説 成立年代が新しい調査地は遷移系列の前方(遷移があまり進行していない)，反対に**成立年代が古い調査地は遷移系列の後方**(遷移が後方まで進行している)と考えられる。すなわち，a → b →…→ g (のそれぞれの調査地に成立している植生)の順に，この地方では遷移が進行する。

最も古いgの調査地で高木層を構成する**スダジイは極相林を構成する陰樹**であり，gなどの低木層にスダジイの幼木が出現していることからも，この後スダジイ林が安定的に維持されることをよく示す。

f，e，dなどの調査地の高木層でみられる**タブノキ**は，スダジイよりも少し前の段階で優占する樹種であると判断できる。

最も新しいaの調査地などで高木層をつくる**アカマツ**は，遷移が進行した森林では姿を消していることから考えても，**陽樹**である。

問1 遷移の初期段階(aやb)でみられるが，遷移が進行した段階で消失しているものは陽生植物である。光補償点が高い陽生植物は，うっそうと生い茂る極相林の草本層などでは生育できない。逆に，**gの低木層と草本層でみられるタブノキ・サカキ・スダジイ・ジャノヒゲ・ヤブコウジは陰生植物**と判断できる。

問2 a(1893年に干拓)ではすでにアカマツが高木層をつくっており，陽樹林が成立している。タブノキが初めて高木層に出現しているc (1632年に干拓)

で陰樹林に遷移しているとみれば，1893－1632＝261年。アカマツが消失している d（1579年に干拓）で陰樹林に遷移しているとみれば，1893－1579＝314年。よって，②(200～350年)が妥当。

問4 ③ 極相林の林床に生育する植物は，**光補償点が低い**。

⑤ ギャップの林床にはすでに土壌があり，陽生植物が局所的に生育する**二次遷移**が進む。

共通テストでは…　バイオームの分野は暗記中心と思われがちである。しかし，正しい知識と理解をもとにした考察問題がよく出題されている。

SUMMARY & CHECK

① 植生の遷移は，土壌のない状態から始まる**一次遷移**と，植物の地下部や種子を含む土壌がある状態から始まる**二次遷移**に分類される。一次遷移に比較して，二次遷移は極相に達するまでの時間が短い。

② 植生の遷移が進行する要因としては，光をめぐる競争関係と，光合成特性の違いに基づく強光条件や弱光条件への適応性の相違が重要である。

③ 陽樹林から陰樹林へと遷移する理由は，光補償点の高い陽樹の芽生えは暗い林床で生育できないが，陰樹の幼木は光補償点が低く弱い光の下でも見かけの光合成速度を正にして生育できるからである。また，陰樹林の林床でも陰樹の幼木は生育できるため，陰樹林は極相として安定的に維持される。

④ 陰樹林に，小さなギャップが形成された場合，陰樹の幼木がギャップを埋めて陰樹林が維持される。大きなギャップが形成されると，後から芽生えた陽樹が優勢に生育し，陰樹林の中に部分的に小規模な陽樹林が成立する。

THEME
20 世界のバイオーム
Biome in the world

GUIDANCE 地球上には，さまざまな気候の地域がある。気候によってその地域で成立できる植生は異なったものとなり，植生に依存的に生活する動物の種類が決まる。バイオーム(生物群系)を構成する生物にはどのようなものがあるのか，気候とバイオームにはどのような関係があるのかを学んでいこう。

POINT 1 気候とバイオーム

ある植生とそこに生活する生物すべてをまとめて<u>バイオーム</u>(<u>生物群系</u>)という。バイオームは，植物群落の外から見てわかる植生のようすである<u>相観</u>により分類される。バイオームは<u>年平均気温</u>と<u>年降水量</u>によって決まる。

(1) 森林のバイオーム

年降水量が多い地域(一般に年降水量 1000 mm 以上)には，<u>森林</u>のバイオームが成立する。

① **熱帯～亜熱帯**：赤道付近の熱帯では<u>熱帯多雨林</u>，熱帯よりもやや気温の低い亜熱帯では<u>亜熱帯多雨林</u>となる。いずれも 1 年を通じて温暖・湿潤で生育不良期がないため，<u>常緑広葉樹</u>が優占する。

② **亜熱帯(明瞭な雨季と乾季あり)**：明瞭な<u>雨季</u>と<u>乾季</u>がある地域では，生育不良となる<u>乾季</u>に落葉する<u>落葉広葉樹</u>からなる<u>雨緑樹林</u>となる。

③ **暖温帯**：<u>常緑広葉樹</u>から構成される<u>照葉樹林</u>となる。

④ **暖温帯(冬に湿潤で夏に乾燥)**：クチクラが発達した耐乾性のある常緑の小さな硬い葉をつける<u>硬葉樹林</u>となる。

⑤ **冷温帯**：冬にやや寒冷な冷温帯では，生育に不適な<u>冬に落葉する落葉広葉樹</u>から構成される<u>夏緑樹林</u>となる。

⑥ **亜寒帯**：寒冷な地域で冬に葉を落とすと，短い夏だけに有機物生産しても収支として見合わない。そのため，耐寒性のある，常緑の針のように細い葉をつける<u>常緑針葉樹</u>から構成される<u>針葉樹林</u>となる。

[1] やや乾燥気味の寒冷地には，落葉性の針葉樹林が成立する。カラマツは落葉性の針葉樹。

(2) 草原のバイオーム

降水量が少なくやや乾燥する地域(一般に年降水量 200～1000 mm)には，<u>草原</u>のバイオームが成立する。

① **熱帯～亜熱帯**：樹木がまばらに生育する，<u>イネ科</u>のなかまが中心の<u>サバンナ</u>となる。

[2] アフリカのサバンナにはキリンが生息する。キリンの首が長いのは，高いところにつく木の葉を食べるためである。

② **温帯〜亜寒帯**：イネ科・**カヤツリグサ科**のなかまが主体[3]
のステップとなる。

[3]モンゴルの大草原
のイメージ。

(3) 荒原のバイオーム

　　極端に年降水量が少なかったり，極端に年平均気温が低かったりすると，
荒原のバイオームが成立する。

① **熱帯〜亜寒帯**：極端な乾燥地。高い耐乾性をもつ植物が点在する砂漠と
なる。

② **寒帯**：極端な寒冷地。地衣類やコケ植物などからなるツンドラとなる。

CHART 気候とバイオーム

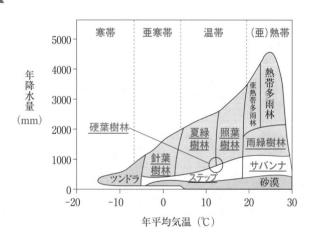

・各バイオームの境界部分では，連続的で穏やかな変化がみられる。

・熱帯多雨林と亜熱帯多雨林はまとめられることもある。

・硬葉樹林が省略されている図もある。

PLUS 気温・降水量とバイオームの関係

　　① **気温とバイオームの関係**：降水量が十分あ
るところで，気温だけを変化させると，高温の地域
から低温の地域の順に，(亜)熱帯多雨林→照葉樹林
→夏緑樹林→針葉樹林→ツンドラのようにバイオー
ムが変化する。湿潤な日本のバイオームにほぼ対応。

② **降水量とバイオームの関係**：気温が十分高いところ
で，降水量だけを変化させると，湿潤な地域から乾燥している地域の順に，
(亜)熱帯多雨林→雨緑樹林→サバンナ→砂漠 のようにバイオームが変化する。

世界には，気温や降水量に依存的に多様なバイオームがみられる。

群落	気候区分	バイオーム	特徴・動物など	代表的な植物	代表的な発達する地域
森林	熱帯・亜熱帯	熱帯多雨林	常緑<u>広葉樹</u>が主，つる植物や着生植物が多い。河口付近には<u>マングローブ</u>が分布。	フタバガキのなかま，ガジュマル，ラン類	南米アマゾン川流域，中部アフリカ，東南アジアの島しょ部
		亜熱帯多雨林	熱帯多雨林に比べて高木層の発達がやや悪い。河口付近には<u>マングローブ</u>が分布。	ヘゴ，ビロウ(ヤシ)，アコウ，アダン，ガジュマル	日本では，沖縄，小笠原
		雨緑樹林	<u>落葉広葉樹</u>が主，<u>乾季</u>に落葉。	チーク，コクタン類	南アジア，東南アジア，アフリカ(雨季・乾季のある地域)
	暖温帯	照葉樹林	常緑<u>広葉樹</u>が主，<u>クチクラ</u>層が発達した光沢のある葉。	シイ類，カシ類，タブノキ，クスノキ	日本では，九州〜関東
		硬葉樹林	硬く小さな常緑の葉。	オリーブ，コルクガシ，ゲッケイジュ，ユーカリ	地中海沿岸(夏に少雨・冬に多雨)
	冷温帯	夏緑樹林	<u>落葉広葉樹</u>が主，<u>冬</u>に落葉。	ブナ，ミズナラ，カエデ類	日本では，東北〜北海道南部
	(亜)寒帯	針葉樹林	常緑<u>針葉樹</u>が主(一部にカラマツのような落葉針葉樹も)。構成樹種は少ない。	エゾマツ，トドマツ(北海道東北部)，シラビソ，コメツガ，トウヒ(本州中部の亜高山帯)	北海道東北部，本州中部の亜高山帯，シベリア，北米北部(アラスカ)
草原	(亜)熱帯	サバンナ	草本のなかに低木が点在。シマウマ・ヌーなどの植物食性の哺乳類とそれらを捕食するライオンなどの動物食性の哺乳類。	イネのなかま，低木はアカシアなど	アフリカ中南部
	温帯	ステップ	基本的に木本は存在しない。	イネのなかま	北米中央部，ユーラシア大陸中央部
荒原	熱帯〜温帯	砂漠	砂や岩石が多くを占めるが乾燥に耐える植物が生育。	多肉植物(サボテンやトウダイグサのなかま)	極端に乾燥した地域
	寒帯	ツンドラ	<u>永久凍土層</u>の上に成立。トナカイ，ホッキョクグマ。	地衣類，コケ植物	北極圏

EXERCISE 58 ●バイオーム

図1に示すように，バイオームの分布は，年平均気温と年降水量に対応している。年平均気温の高い地域における年降水量はさまざまであり，いくつかのバイオームが成立している。一方，年平均気温が非常に低い地域における年降水量は少なく，バイオームとしては ア だけがみられる。

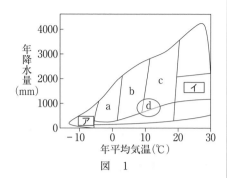

図　1

問1 上の文中と図1の ア に入る語として最も適当なものを，次から一つ選べ。

① 針葉樹林　　② 砂漠　　③ 氷河

④ サバンナ　　⑤ ステップ　　⑥ ツンドラ

問2 図1の イ のバイオームでみられる植物種の名称として最も適当なものを，次から一つ選べ。

① チーク　　② ヤブツバキ　　③ フタバガキ

④ トウヒ　　⑤ アカシア　　⑥ ミズナラ

問3 図1のa〜cのバイオームに関する記述として最も適当なものを，次から一つ選べ。

① aとbでは，落葉樹が優占している。

② bとcでは，落葉樹が優占している。

③ aとcでは，落葉樹が優占している。

④ aとbでは，常緑樹が優占している。

⑤ bとcでは，常緑樹が優占している。

⑥ aとcでは，常緑樹が優占している。

問4 図1のdのバイオームに関する記述として最も適当なものを，次から一つ選べ。

① 北アメリカの東岸などに成立している。

② 地中海周辺などに成立している。

③ アフリカの内陸部に成立している。

④ アジアの内陸部に成立している。

⑤ 葉の軟らかい常緑樹が優占している。

CHAPTER 3　生物の多様性と生態系

⑥　葉の硬い落葉樹が優占している。
⑦　背の低い草本が優占している。
⑧　サボテンのなかまが優占している。

解答　問1 ⑥　　問2 ①　　問3 ⑥　　問4 ②

解説　問2　イのバイオームは，雨緑樹林である。

問3　a は針葉樹林で，ふつう常緑性の針葉樹が優占している。b は夏緑樹林で落葉性の広葉樹が，c は照葉樹林で常緑性の広葉樹が，それぞれ優占している。

問4　d は硬葉樹林である。硬く小さな常緑の葉をつける樹木からなる。北米・南米・オーストラリアなどにも分布するが，地中海沿岸で広くみられる。

共通テストでは…　樹種名を問う問題も出題される。

SUMMARY & CHECK

① それぞれの地域に成立するバイオームは，<u>年平均気温</u>と<u>年降水量</u>に依存的に決定される。年降水量が十分な地域は基本的に<u>森林</u>，やや乾燥した地域では<u>草原</u>のバイオームとなる。年平均気温と年降水量のいずれかが極端に不十分だと，<u>荒原</u>のバイオームとなる。

② 森林のバイオームとしては，赤道直下の<u>熱帯</u>には<u>熱帯多雨林</u>が，それよりもやや緯度の高い<u>亜熱帯</u>には<u>亜熱帯多雨林</u>が出現する。暖温帯のうち夏に湿潤な地域では<u>照葉樹林</u>，亜寒帯では<u>針葉樹林</u>が成立する。これらの多くはまとまって葉を落とす時期がない，<u>常緑性</u>の樹木からなる森林である。

③ 樹木は著しく生育不良となる時期は落葉して乗り越えることが多いため，明瞭な<u>雨季</u>・<u>乾季</u>がある（亜）熱帯では<u>乾季</u>に落葉する<u>雨緑樹林</u>，冷温帯では<u>冬</u>に落葉する<u>夏緑樹林</u>がみられる。

④ 草原のバイオームには，（亜）熱帯では<u>サバンナ</u>，温帯では<u>ステップ</u>がある。

⑤ 荒原のバイオームには，極端に乾燥する地域の<u>砂漠</u>，極端に低温の地域の<u>ツンドラ</u>がある。

THEME
21 日本のバイオーム
Biome in Japan

GUIDANCE 　日本は全国土を通じて湿潤で，バイオームはほぼ気温だけによって決定される。日本列島は南北に長いため，日本には亜熱帯から亜寒帯まで多様な気候区分が存在する。また，標高の高い山岳も多くあり，標高による温度変化の影響も大きい。日本のバイオームの特徴を学ぼう。

POINT 1　世界と日本のバイオームの相違

① **世界のバイオーム**：<u>年平均気温</u>と<u>年降水量</u>の両方の影響を受け，成立するバイオームが決定される。

② **日本のバイオーム**：どこでも<u>森林</u>が成立するのに足る年降水量があり，ほぼ<u>年平均気温</u>のみで成立するバイオームが決定される。

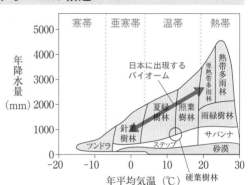

POINT 2　水平分布

　気温は高緯度ほど寒冷になる。日本は北半球にあるため，<u>北</u>に位置する地方ほど低温となり，緯度が上がるにつれてバイオームが移り変わる。

バイオームの水平分布

① **沖縄〜九州南端（**<u>亜熱帯</u>**）**：<u>亜熱帯多雨林</u>が成立。

② **九州・四国〜関東平野（**<u>暖温帯</u>**）**：<u>照葉樹林</u>が成立。

③ **本州東北部〜北海道南西部（**<u>冷温帯</u>**）**：<u>夏緑樹林</u>が成立。

④ **北海道東北部（**<u>亜寒帯</u>**）と本州中部・東北部の亜高山帯**：<u>針葉樹林</u>が成立。

CHART 　水平分布

① あるバイオームから隣り合うバイオームへは，緩やかに移行する。例えば，北海道には夏緑樹林から針葉樹林への移行帯があり，落葉広葉樹と針葉樹の混交林が見られる。

② 夏緑樹林が本州中部地域にまで入り込んでいるのは，そこに**標高が高い山岳**があるためである。

③ **本州中部・東北部の亜高山帯**の針葉樹林では**シラビソ・コメツガ・トウヒ**が
みられ，**北海道東北部（亜寒帯）**の針葉樹林では**エゾマツ・トドマツ**がみられ
る。

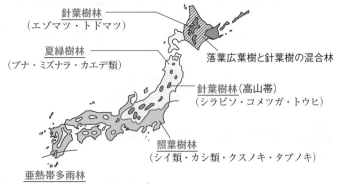

針葉樹林
（エゾマツ・トドマツ）

夏緑樹林
（ブナ・ミズナラ・カエデ類）

落葉広葉樹と針葉樹の混合林

針葉樹林（高山帯）
（シラビソ・コメツガ・トウヒ）

照葉樹林
（シイ類・カシ類・クスノキ・タブノキ）

亜熱帯多雨林
（ヘゴ・ビロウ・アコウ・アダン・ガジュマル）

EXERCISE 59 ●日本のバイオーム

　陸上のバイオームにおいて，ある土地が人間の影響を全く受けなかった
場合に成立すると推定される植生を，自然植生という。日本の森林のバイ
オームに付けられた亜熱帯多雨林，照葉樹林，夏緑樹林，針葉樹林などの
名称は，それらのバイオームが分布する地域の代表的な自然植生を表して
いる。一方，ある土地が人間の影響を持続的に受けた場合には，<u>自然植生
とは異なる植生が成立することがある</u>。これを代償植生という。ある土地
に代償植生が成立しているとき，そこに優占する種は，自然植生で優占す
るはずの種と同じであるとは限らない。

問　下線部に関して，次の文中の空欄に入る語として最も適当なものを，
　後の①〜④からそれぞれ一つずつ選べ。

　日本列島を約 1 km 四方の区画に分けて，植生の有無や種類などを調
査した。その結果をもとに，各区画を自然植生，代償植生（植林地を含
む），およびその他（市街地・耕作地を含む）の 3 つに分類し，それぞれ
に該当する区画を黒く塗って示したものが図 1 である。

　日本における森林のバイオームの分布と図 1 とを併せて考えると，日
本の各バイオームの分布域のうち，　ア　の分布域では比較的高い割
合で自然植生が残っていることがわかる。　イ　の分布域における自
然植生の優占種の一つとしてブナが知られているが，その代償植生では

しばしばミズナラが優占する。一方，自然植生が占める割合が最も低かったバイオームは　ウ　である。

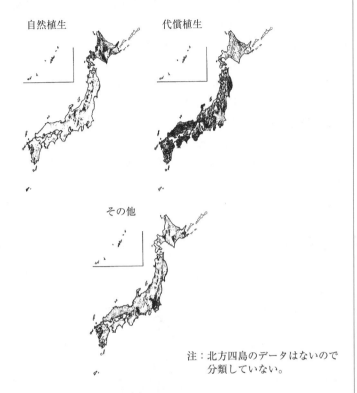

自然植生　　　　　　　代償植生

その他

注：北方四島のデータはないので
　　分類していない。

図　１

① 針葉樹林　　② 夏緑樹林　　③ 照葉樹林　　④ 亜熱帯多雨林

（センター試験本試・改）

解答　ア－①　イ－②　ウ－③

解説　ア．北海道は全般的に自然植生がよく残っている。本州東北部〜北海道南西部の自然植生は夏緑樹林，北海道東北部の自然植生は針葉樹林である。

イ．ブナやミズナラは夏緑樹林の構成樹種である。ブナの極相林で大きなギャップができると，そこには陽樹の傾向が強いミズナラが生育することが知られている。そのため，代償植生ではミズナラが優占しやすい。

ウ．九州から関東の広い地域にかけて，自然植生は照葉樹林である。そのほとんどが代償植生などになっている。

　気温は高標高ほど寒冷になる。**標高が100m上昇すると気温は** <u>0.5～0.6</u> **℃低下**するので，標高が上がるにつれてバイオームが移り変わる。

バイオームの垂直分布(本州中部地方の場合)

① **標高約700m以下**：照葉樹林(<u>丘陵帯</u>)

② **標高約700～1700m**：夏緑樹林(<u>山地帯</u>)

③ **標高約1700～2500m**：針葉樹林(<u>亜高山帯</u>)

④ **森林限界**：本州中部の場合，標高 <u>2500</u> m付近より高標高のところでは，低温や風の影響などで<u>森林</u>の成立が難しくなる。<u>森林が成立できなくなる亜高山帯の上限を森林限界</u>という。

⑤ **標高2500m以上**：高山草原・お花畑(<u>高山帯</u>)

1 森林限界を越えても，高木は疎に生えている。しかし，さらに標高が高いところでは，高木は一切みられなくなる(高木限界)。

CHART　垂直分布

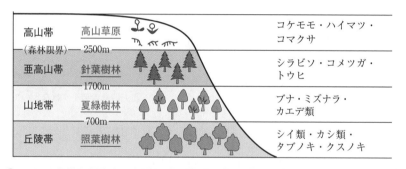

① これは本州中部地方の山岳の例である。緯度が高くなると各バイオームの境界となる標高は低下する。

② 各バイオームの境界は，同じ山でもふつう北側斜面のほうが低い。

EXERCISE 60 ●垂直分布

　年降水量の多い日本列島では，主に気温によってバイオームが決まる。地球温暖化の進行により，今後100年間で年平均気温は2～4℃上昇すると見積もられている。これにより，<u>現在の中部地方においてみられる次ページの図1のようなバイオームの分布が変化したとする</u>。気温は100m上昇するごとに0.6℃低下するとして以下の問いに答えよ。

問1 下線部のとき，標高700mではどのようなバイオームが成立すると予測されるか，最も適当なものを，次から一つ選べ。

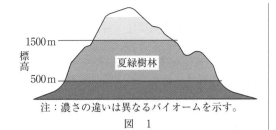

注：濃さの違いは異なるバイオームを示す。

図 1

① 熱帯多雨林
② 亜熱帯多雨林　③ 照葉樹林　④ 針葉樹林　⑤ 夏緑樹林

問2 下線部のとき，標高1700mではどのようなバイオームが成立すると予測されるか，最も適当なものを，**問1**の選択肢から一つ選べ。

（共通テスト本試・改）

解答 問1 ③　　問2 ⑤

解説 標高が100m上昇するごとに0.6℃気温が低下するのだから，年平均気温の2〜4℃の上昇は，$\dfrac{2}{0.6}×100≒333$(m) から $\dfrac{4}{0.6}×100≒667$(m)程度の標高差に相当する。したがって，100年後には夏緑樹林の分布域の下限や上限の標高が**333〜667m程度高い標高**にスライドすることになる。

問1 標高700mでは，現在は夏緑樹林よりも低標高でみられる照葉樹林が出現する。

問2 標高1700m付近は，夏緑樹林で占められる。

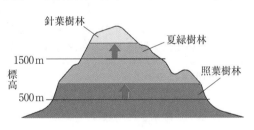

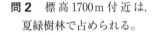

暖かさの指数（WI）

日本のような降水量の多い地域では，ほぼ気温だけに着目することで成立するバイオームを推測できる。

植物が生育可能な最低気温を5℃と考え，1年間の月平均気温が5℃を超えた月について，月平均気温から5を差し引いた数値を求め，それらを

暖かさの指数	バイオーム（気候区分）
WI≦15	ツンドラ（寒帯）
15<WI≦45	針葉樹林（亜寒帯）
45<WI≦85	夏緑樹林（冷温帯）
85<WI≦180	照葉樹林（暖温帯）
180<WI≦240	亜熱帯多雨林（亜熱帯）
240<WI	熱帯多雨林（熱帯）

合計した値を暖かさの指数（WI）という。暖かさの指数と成立するバイオームの関係は，前ページの表のようになる。実際に例題を解いてみよう。

２冬の風の影響など，暖かさの指数だけでバイオームが決まらないこともある。

例題 下表は，日本の都市XとYの毎月の平均気温を示したものである。

	1月	2月	3月	4月	5月	6月	7月	8月	9月	10月	11月	12月
都市X	−4.1	−3.5	0.5	7.3	14.0	18.7	22.5	22.4	18.1	11.3	6.1	−1.3
都市Y	6.3	5.9	10.4	15.0	20.3	23.4	26.8	27.7	23.2	19.1	14.2	6.7

暖かさの指数からの成立するバイオームの推定には，前ページに示されている表を用いて，次の各問いに答えよ。

(1) 都市XおよびYについて，暖かさの指数を算出せよ。また，暖かさの指数から推定される各バイオームを構成する代表的植物として最も適するものを，次からそれぞれ一つずつ選べ。

① コメツガ ② オリーブ ③ シラビソ ④ タブノキ
⑤ チーク ⑥ ハイマツ ⑦ ヘゴ ⑧ ミズナラ

(2) 都市Yの近くにある地点Zは，都市Yよりも標高が1000m高い場所にある。標高が100m上昇すると気温が0.6℃低下するとした場合，地点Zではどのようなバイオームが分布すると推定されるか。ただし，各月で一律に気温低下がみられるものとする。

---

(1) ① **都市Xについて**

平均気温が5℃を超えている月は，4月から11月の8カ月である。したがって，暖かさの指数は，

$(7.3 + 14.0 + 18.7 + 22.5 + 22.4 + 18.1 + 11.3 + 6.1) − 5 × 8 = $ **80.4**

と計算でき，成立するバイオームは夏緑樹林と判断できる。

夏緑樹林を構成する代表的植物は，⑧**ミズナラ**。

② **都市Yについて**

都市Yはすべての月で5℃を超えており，暖かさの指数は，

$(6.3 + 5.9 + 10.4 + 15.0 + 20.3 + 23.4 + 26.8 + 27.7 + 23.2$
$+ 19.1 + 14.2 + 6.7) − 5 × 12 = $ **139.0**

よって，成立するバイオームは照葉樹林で，代表的植物は④**タブノキ**。

(2) 1000m標高が上昇すると，$\dfrac{1000}{100} × 0.6 = 6$（℃）の気温低下が見込まれる。

そのため，月平均気温が5℃を超える月は4月から11月の8カ月となる。したがって，地点Zの暖かさの指数は，

$(15.0+20.3+23.4+26.8+27.7+23.2+19.1+14.2)-6×8-5×8=81.7$

暖かさの指数から判断して，地点Zには**夏緑樹林**が分布すると推定される。

➕ マングローブ
PLUS

熱帯から亜熱帯の河口域には，塩分に耐性をもつヒルギ類（オヒルギ・メヒルギ・ヤエヤマヒルギなど）から構成される，マングローブと呼ばれる森林[3]がみられることが多い。日本では，沖縄県の西表島にあるものが大きい。マングローブは落葉によって有機物を供給する。また，不安定な底泥で植物体を支える支柱根や酸素を空中から得るための呼吸根を複雑に発達させ，これらはさまざまな生物の生活の場となっている。そのため，マングローブは面積としては小さいが生物の多様性の維持には重要なバイオームである。東南アジアなどを中心に，エビの養殖池への転換，薪炭材のための伐採などによりマングローブは破壊され，その面積が減少してきた。

[3] もともとは，森林の名称である。しかし，ヒルギ類を指して「マングローブの木」と呼ぶことがある。

➕ 水辺の植生（水生植物の分類）
PLUS

① **沈水植物**：植物体全体が水中に沈んでいる植物。クロモなど。
② **浮葉植物**：水面に葉が浮かんでいる植物。ヒツジグサ，ヒシなど。
③ **抽水植物**：茎や葉の一部が水面上に出ている植物。ヨシなど。

😊 SUMMARY & CHECK

① 世界のバイオームとは異なり，日本はどこでも森林成立に十分な<u>年降水量</u>があるため，成立するバイオームはほぼ<u>年平均気温</u>のみによって決定されている。

② 高緯度ほど寒冷になるため，日本で出現するバイオームは，沖縄〜九州南端の<u>亜熱帯多雨林</u>，九州・四国〜関東の<u>照葉樹林</u>，東北〜北海道南部の<u>夏緑樹林</u>，北海道東北部の<u>針葉樹林</u>のように移り変わる。このような緯度の変化に伴うバイオームの変化を，<u>水平分布</u>という。

③ 同じ緯度にあっても，高標高のところほど気温が<u>低下</u>するため，本州中部地方の山岳では，標高が上がるにつれて，照葉樹林，夏緑樹林，針葉樹林，<u>高山草原・お花畑</u>の順に成立するバイオームが変化する。このような標高の変化に伴うバイオームの変化を，<u>垂直分布</u>という。

22 生態系の構造
Components of Ecosystem

GUIDANCE 　地球上の多様な生物は，互いに関わり合いながら生きている。また，周囲の環境からの影響を受け，反対に環境に対して影響を与えながら生活もしている。生物間の関係や，生物と環境の間の関係を学ぼう。

POINT 1 生態系の構成要素

　環境には，生物的環境と，非生物的環境の２つがある。環境を構成している光や温度・水・生物などの要素を環境要因と呼ぶ。

　生物的環境と非生物的環境を一つのまとまりとして捉えるとき，これを生態系という。

① **生物的環境**：同種や異種の生物からなる環境を生物的環境という。

　　生産者：光合成を行う植物など，無機物から有機物を合成できる独立栄養生物を生産者という。

　　消費者：生産者のつくった有機物を，直接的あるいは間接的に取り入れて生きる従属栄養生物を，消費者という。

　　分解者：消費者のうち，**生物の遺骸や動物の排出物を無機物にまで分解することにはたらく菌類や細菌類**を，特に分解者という。

② **非生物的環境**：温度・光・大気・水・土壌からなる，ある地域に生活する生物を取り巻く環境を非生物的環境と呼ぶ。

POINT 2 作用と環境形成作用

　生物と非生物的環境はお互いに影響を及ぼし合っている。

① **作用**：非生物的環境が，生物的環境に及ぼす影響を作用という。光の強さや土壌中の水分など。

② **環境形成作用**：生物の生命活動が，非生物的環境に及ぼす影響を環境形成作用という。植生内部の光の強さが減衰したり，土壌が植物に由来する腐植を蓄積したりすることなど。

③ **相互作用**：生物どうしの間には，競争や捕食−被食関係のようなさまざまな相互作用がある。

CHART 　生態系の構造

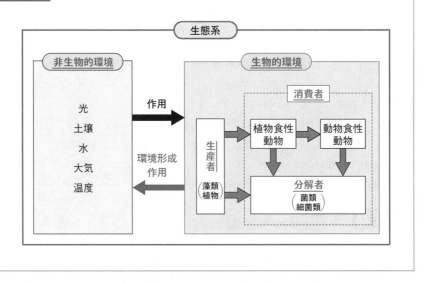

POINT 3 　食物連鎖・食物網

① **食物連鎖**：生態系内での，生物の「食う-食われる」の関係を<u>食物連鎖</u>という。生産者を直接に食うものは<u>一次消費者</u>(植物食性動物)，一次消費者を食うものは<u>二次消費者</u>(動物食性動物)といい，生態系によっては，さらに三次消費者や四次消費者のような<u>高次消費者</u>も存在する。

② **栄養段階**：生産者を出発点とする，食物連鎖の各段階を<u>栄養段階</u>という。生産者，一次消費者…などのこと。生産者から数えて同じ数の段階を経て食物を得ている生物は，同じ栄養段階に属している。

③ **食物網**：各栄養段階の生物は，単一の生物だけを食べているわけではない。実際には，被食-捕食の関係は複雑な網目状の関係になっており，これを<u>食物網</u>という。

EXERCISE 61 ●栄養段階

　ブナの葉を食うガであるブナアオシャチホコ(以下，ブナアオ)の幼虫は，しばしば大発生して一帯の葉を食いつくすことがある。<u>ブナアオが大発生すると，その幼虫を食う甲虫のクロカタビロオサムシが追いかけるように大発生する。同様に，ブナアオの蛹(さなぎ)を栄養源とする菌類のサナギタケも大発生する。そのため，ブナアオの大発生は長続きしない。</u>

問　下線部について，このような食物連鎖を含む生態系におけるブナア
　オ，クロカタビラオサムシ，およびサナギタケの栄養段階として最も適
　当なものを，次からそれぞれ一つずつ選べ。ただし，同じものを繰り返
　し選んでもよい。
　① 生産者　　② 一次消費者　　③ 二次消費者
（共通テスト本試・改）

┄┄┄┄┄┄┄┄┄┄┄┄┄┄┄┄┄┄┄┄┄┄┄┄┄┄┄┄┄┄┄┄┄┄┄┄┄┄┄

解答　ブナアオ－② 　クロカタビラオサムシ－③ 　サナギタケ－③
解説　問題文から正確に読み取る。個々の生物についての詳細な知識を求めて
いるわけではない。

POINT 4 生態ピラミッド

　栄養段階ごとに，個体数などを低次から高次の順に積み重ねて図にしたもの
を生態ピラミッドという。生態ピラミッドには次のようなものがある。
① **個体数ピラミッド**：一定面積内に存在する個体数を積み重ねたものを個体
　数ピラミッドという。
② **生物量（現存量）ピラミッド**：生物量（単位面積あたりに存在する生物体の乾
　燥重量）を積み重ねたものを生物量ピラミッドという。

CHART 生態ピラミッド ─────────

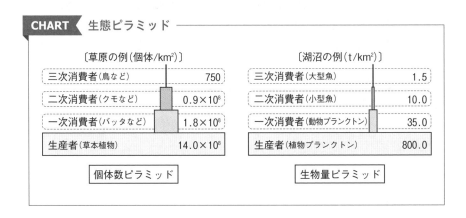

〔草原の例（個体/km²）〕

三次消費者（鳥など）	750
二次消費者（クモなど）	0.9×10⁸
一次消費者（バッタなど）	1.8×10⁸
生産者（草本植物）	14.0×10⁸

個体数ピラミッド

〔湖沼の例（t/km²）〕

三次消費者（大型魚）	1.5
二次消費者（小型魚）	10.0
一次消費者（動物プランクトン）	35.0
生産者（植物プランクトン）	800.0

生物量ピラミッド

PLUS 生産力（生産速度，生産量）ピラミッド
　各栄養段階間のエネルギー（やエネルギーを含有する有機物）の流れに着目し
て，一定面積内で一定期間内に生物が獲得するエネルギー量について積み重ねた生
態ピラミッドを生産力ピラミッドという。

個体数ピラミッドは、1本の樹木の葉を多数の昆虫が食べているような寄生的な関係のときに逆転することがある。また、生物量ピラミッドは、増殖速度の大きな植物プランクトンが長寿命の動物プランクトンに食べられているときなどに逆転することがある。しかし、生産力ピラミッドは決して逆転しない。

〔湖沼の例（10⁴J/m²・年）〕

三次消費者(大型魚)	9
二次消費者(小型魚)	150
一次消費者(動物プランクトン)	1500
生産者(植物プランクトン)	8500

生産力ピラミッド

POINT 5　生態系における物質収支

生産者が新たに有機物を生産し、消費者はそれを利用して別の有機物を合成する。このような物質生産によって、有機物と有機物が含有するエネルギーは、低次の栄養段階から高次の栄養段階へと移動していく。

(1) 各用語の捉え方

① **（最初の）現存量**：調査を開始した時点で存在する、各栄養段階の**生物体を構成する有機物の量**を現存量という。

② **成長量**：調査期間後、最初の**現存量に付加される有機物量**を成長量という。成長量の分だけ現存量としての有機物が増加していく。

③ **被食量**：上位の栄養段階の生物に食べられる有機物量を被食量という。上位の栄養段階からみるときは、摂食量や捕食量と表現される。

④ **枯死・死滅量**：枯れたり死んだりして**分解者に受け渡される有機物量**を枯死・死滅量という。分解者はこれを利用して呼吸を行い、無機物へと分解する。基本的に全量が分解者の呼吸量となる。

⑤ **呼吸量**：呼吸に伴い、無機物へと分解される有機物量を呼吸量という。生態系内には有機物として残らない。

(2) 生産者における重要な関係式

① **総生産量（同化量）**：一定期間に生産者が生産した有機物の総量を総生産量という。一定期間内の光合成量にあたる。

② **純生産量**：総生産量の一部は生産者自らの呼吸に利用され、残った分が純生産量となる。一定期間内の見かけの光合成量にあたる。純生産量は、生産者自身の成長に利用される分(成長量)、上位の栄養段階に利用される分(被食量)、分解者に回る分(枯死量)から構成される。

> **純生産量＝総生産量(同化量)－呼吸量**
> **　　　　＝成長量＋被食量＋枯死量**

⑶ 消費者における重要な関係式

① **不消化排出量**：<u>摂食量</u>のうち，消化・吸収されないで体外に排出される有機物量を<u>不消化排出量</u>[1]という。枯死・死滅量と同様に，<u>分解者</u>に受け渡される。

[1] 生産者には存在しない。

② **同化量**：摂食量から，不消化排出量を差し引いた分を<u>同化量</u>[2]という。

[2] 生産者での，総生産量に相当する。

③ **生産量**：同化量の一部は<u>呼吸</u>に利用され，残った分が<u>生産量</u>[3]となる。生産量は，成長に利用される分(<u>成長量</u>)，上位の栄養段階の生物に利用される分(<u>被食量</u>)，分解者に回る分(<u>死滅量</u>)から構成される。

[3] 生産者での，純生産量に相当する。

> 同化量＝摂食量－不消化排出量
> 生産量＝同化量－呼吸量＝成長量＋被食量＋死滅量

⑷ 生産力ピラミッドが逆転しない理由

<u>摂食量</u>の一部は<u>不消化排出量</u>として，利用されずに排出される。また，同化量の一部は<u>呼吸</u>に伴い無機化される。そのため，単位時間あたりに低次の栄養段階が利用する量を超える有機物(と有機物が含有するエネルギー)が，高次の栄養段階に移行することはあり得ない。

CHART 生態系における物質収支

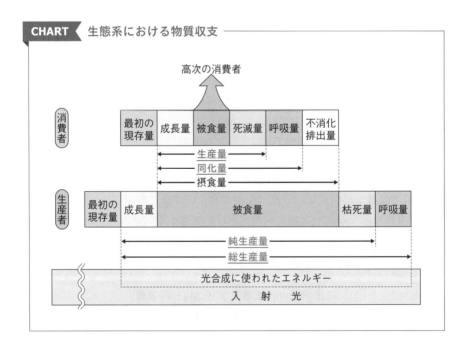

生態系ごとの食物連鎖・物質収支の違い

⑴ **食物連鎖の開始点による違い**

① **生食連鎖**：生きている生産者を食べることから始まる食物連鎖を生食連鎖という。

② **腐食連鎖**：落葉・落枝や生物の遺骸から始まる食物連鎖を腐食連鎖という。

⑵ **陸上生態系(特に森林生態系)の特徴**

陸上生態系の主な生産者は樹木である。

① **腐食連鎖から始まる**：樹木の落葉をトビムシやササラダニが食べ，それを上位の栄養段階の動物が食べるような腐食連鎖が中心的。

② **現存量・呼吸量が大きい**：長寿命の樹木は，現存量が大きく，なかでも非同化器官(幹や根)が大量に蓄積しているので，呼吸量がかなり大きい。

③ **総生産量が大きい**：葉が多いので多くの光合成ができる。そのため，総生産量は大きい。

④ **純生産量が小さい**：総生産量は大きいが，呼吸量も大きいので，純生産量はそれほど大きくならない。現存量も大きいので，**現存量あたりの純生産量はかなり小さい。**

$$\frac{純生産量(それほど \textcircled{大} でない)}{現存量(極めて \textcircled{大})} \rightarrow かなり \textcircled{小}$$

⑶ **水界生態系(特に外洋の生態系)の特徴**

水界生態系の主な生産者は植物プランクトンである。

① **生食連鎖から始まる**：植物プランクトンを一次消費者が丸ごと食べることから始まる生食連鎖が中心的。

② **現存量・呼吸量が小さい**：短寿命の植物プランクトンは，現存量が小さく，非同化部の蓄積がほとんどないため，呼吸量がかなり小さい。

③ **総生産量が小さい**：同化部は多くないため，多くの光合成はできない。そのため，総生産量が小さい。

④ **純生産量が大きい**：総生産量は小さいが，呼吸量も小さいので，純生産量はそれほど小さくならない。現存量も小さいので，**現存量あたりの純生産量はかなり大きい。**

$$\frac{純生産量(それほど \textcircled{小} でない)}{現存量(極めて \textcircled{小})} \rightarrow かなり \textcircled{大}$$

EXERCISE 62 ●さまざまな生態系

生態系における各栄養段階の生物体の総量を，生物量あるいは現存量といい，生産者では単位時間あたりの現存量の増加分に ［ ア ］ と枯死量を足した量を純生産量という。さらに，純生産量に ［ イ ］ を足した量を総生産量という。世界のさまざまな生態系について，生産者の純生産量と現存量との関係を調べたところ，次ページの図1のような結果が得られた。

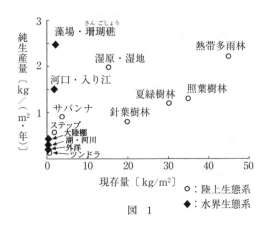

図 1

問 1 上の文中の空欄に入る語として最も適当なものを，次からそれぞれ一つずつ選べ。

① 呼吸量　② 生産量　③ 消費量

④ 採餌量　⑤ 同化量　⑥ 被食量

問 2 図1からわかることとして最も適当なものを，次から一つ選べ。

① 水界生態系では，生産者の現存量に対する純生産量の割合が，陸上生態系に比べて高い。

② 陸上生態系では，生産者の現存量に対する純生産量の割合が，水界生態系に比べて高い。

③ 水界生態系における，生産者の現存量に対する純生産量の割合は，陸上生態系と同一である。

④ 陸上生態系では，生産者の現存量が多いほど純生産量は小さい。

問 3 生態系において，食物連鎖の栄養段階が進むごとに利用可能な有機物の総量が減少する。この理由として**適当でないもの**を，次から一つ選べ。

① 生産者によりつくられた有機物の一部が，落葉により失われるため。

② 一次消費者に取り込まれた有機物の一部が，吸収されずに排出されるため。

③ 二次消費者が，三次消費者に食べつくされることがないため。

④ 消費者に取り込まれた有機物の一部が，呼吸に利用されるため。

⑤ 生物個体の大きさが，栄養段階が進むごとに小さくなるため。

(センター試験追試)

....

解答　**問 1**　ア - ⑥　イ - ①　　**問 2**　①　　**問 3**　⑤

解説 **問1** ア．現存量の増加分とは，成長量のこと。純生産量＝成長量＋枯死量＋被食量から考える。

イ．**総生産量＝純生産量＋呼吸量**は，最重要の関係式。

問2 p.211の PLUS の内容が理解できていると選択肢を読むだけで選べてしまうが，図1の読み取りで対処する。

問3 栄養段階を進むごとに，呼吸量として失われる分，枯死・死滅量や不消化排出量として分解者へ回る分，成長量として現存量の増加に利用される分がある。そのため，上位の栄養段階が利用可能な有機物量である摂食量は，低次の栄養段階の摂食量や同化量の一部であり，栄養段階が進むごとに減少する。

TECHNIQUE 生態系の物質収支の計算問題

この分野の計算問題に対応するために，闇雲に公式を詰め込んでも無意味である。何を問われるのかは問題によって異なるし，共通テストには，必ず本質的な理解を必要とした問題が出題される。

問題を正しく理解し解答するには，物質収支に関係するもののそれぞれが，生態系を構成するもののどこに向かうのか(誰の取り分なのか)という感覚が重要である。

① **成長量**：その栄養段階の取り分であり，翌年以降の現存量に付加される分。実際の生態系では，ふつう現存量が際限なく増加し続けることはない。つまり，ある段階で成長量が0となることが多い。ときに，成長量＝0と考えないとつじつまが合わない計算問題があるので注意すること。

② **被食量**：(一つ)上位の栄養段階の取り分。

③ **枯死・死滅量，不消化排出量**：分解者の取り分。

④ **呼吸量**：呼吸に伴って無機物となり，非生物的環境へ戻る分。生物は利用できない。

EXERCISE 63 ●生態系における有機物の流れ

次ページの図1は，各栄養段階の物質収支が安定的な平衡状態に達したある草原生態系における，有機物の移動を模式的に示したものである。図中の記号はそれぞれ，Rは呼吸量，Iは摂食量，NPは純生産量や生産量，Fは不消化排出量，Dは枯死や死滅による分解者への移動量を示している。数字は有機物の移動量の大きさ(相対値)を示す。

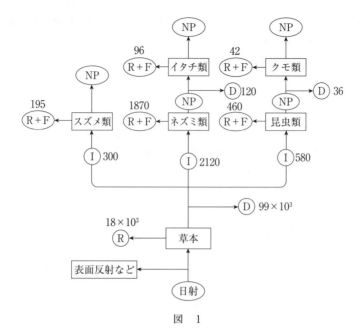

図　1

問1 図1から計算すると，草本の総生産量はいくらになるか，正しいものを次から一つ選べ。

① 3×10^3　　　② 94×10^3　　　③ 99×10^3

④ 102×10^3　　⑤ 117×10^3　　⑥ 120×10^3

問2 スズメ類，イタチ類，クモ類の生産量(相対値)を大きい順に1〜3としたとき，正しい組合せとして最も適当なものを，次から一つ選べ。ただし，選択肢は，スズメ類−イタチ類−クモ類の順とする。

① 1−2−3　　　② 1−3−2　　　③ 2−1−3

④ 2−3−1　　　⑤ 3−1−2　　　⑥ 3−2−1

(センター試験追試・改)

- -

解答　**問1** ⑥　　**問2** ②

解説　「物質収支が安定的な平衡状態に達した」生態系なので，いずれの栄養段階も**成長量＝0**とみなすことができる。草本の被食量が，草本を食べる三者分に分かれているので，それらをまとめる必要がある。

問1　総生産量＝純生産量＋呼吸量＝(成長量＋被食量＋枯死量)＋呼吸量

$$= \underset{\substack{\uparrow\\成長量}}{0} + \underset{\substack{\uparrow\\被食量}}{(300+2120+580)} + \underset{\substack{\uparrow\\枯死量}}{99 \times 10^3} + \underset{\substack{\uparrow\\呼吸量}}{18 \times 10^3} = 120 \times 10^3$$

問2　呼吸量と不消化排出量が，まとめて示されていることに注意。

スズメ類の生産量 = 同化量 − 呼吸量 = (摂食量 − 不消化排出量) − 呼吸量

$$= 300 - 195 = 105$$

ネズミ類や昆虫類についても，スズメ類と同様に計算できる。

ネズミ類の生産量 = 2120 − 1870 = 250

昆虫類の生産量 = 580 − 460 = 120

ある栄養段階の摂食量は，一つ低次の栄養段階の被食量であるから，

イタチ類の生産量 = イタチ類の摂食量 − イタチ類の(不消化排出量 + 呼吸量)

$$= ネズミ類の被食量 − イタチ類の(不消化排出量 + 呼吸量)$$

$$= (250 - 120) - 96 = 34$$

クモ類の生産量 = クモ類の摂食量 − クモ類の(不消化排出量 + 呼吸量)

$$= 昆虫類の被食量 − クモ類の(不消化排出量 + 呼吸量)$$

$$= (120 - 36) - 42 = 42$$

 SUMMARY & CHECK

① 生物的環境とそれを取り巻く非生物的環境から構成される生態系では，食物連鎖の関係を通じて，低次から高次の栄養段階へとエネルギーを含有する有機物が受け渡されていく。

② 従属栄養生物である消費者は，独立栄養生物である生産者がつくる有機物に依存する。遺骸や排出物を無機物に分解する消費者は，特に分解者と呼ばれる。

③ 光合成量に相当する総生産量から呼吸量を引いたものを，純生産量という。見かけの光合成量に相当する純生産量には，現存量に付加される成長量，上位の栄養段階に渡される被食量，分解者に利用される枯死量が含まれる。

④ 消費者では，捕食量から不消化排出量を差し引いたものが同化量で，同化量から呼吸量を差し引いたものが生産量である。生産量には，生産者の純生産量と同じく，成長量，被食量，死滅量が含まれる。

THEME 23 生態系のバランス
Balance in an ecosystem

🏛 **GUIDANCE** 自然の生態系は，小規模なかく乱によって絶えず破壊されているが，長期間のうちには元の状態へと復元され均衡が保たれている。自然界における，その精巧なしくみについて理解しよう。

POINT 1 生態系の復元力

生態系にはさまざまな<u>かく乱</u>が生じるが，かく乱が小程度なら，生態系は元の状態に戻る。この性質を生態系の<u>復元力</u>（<u>レジリエンス</u>）という。たとえば，雪崩によって極相林が部分的に破壊されても，時間がたつと二次遷移が進み元の森林に戻る。しかし，<u>復元力</u>を超える外力がはたらくと，生態系は変化して元に戻れなくなる。

① **自然のかく乱**：火山噴火，台風，自然災害など。
② **人為的かく乱**：過度の森林伐採や焼き畑，<u>外来生物</u>の移入など，人類の生活活動に伴うかく乱。大規模な人為的かく乱の影響は大きい。

POINT 2 キーストーン種

生態系において，**個体数としては少なくても，生態系のバランスの維持に重要なはたらきを示す種**を<u>キーストーン種</u>と呼ぶ。キーストーン種は食物網の<u>上位</u>に位置する生物であることが多い。

例1 **岩礁地帯（海岸の岩場）におけるヒトデ**

① **岩礁地帯の生物**：ヒザラガイ，カサガイは，岩に生えた藻類を食べる。フジツボ，イガイ，カメノテは，海流に乗って流れてくるプランクトンを食物にする固着生物である。イボニシはフジツボやイガイを食べる。ヒトデはさまざまな動物を食べるが，特にフジツボやイガイをよく食べる。

② **ヒトデ除去の影響**：この岩礁地帯からヒトデだけを除去し続けると，はじめフジツボが増加し，その後は

イガイが岩場を独占する→[1]ようになった。藻類は岩場の表面に生えることができなくなり，藻類を食べていたヒザラガイやカサガイは激減した。

[1]フジツボやイガイは，繁殖力が強く，増殖速度が大きい。

③ **考察**：この生態系では<u>ヒトデ</u>がキーストーン種で，イガイなどを捕食することで<u>イガイ</u>の過度な増殖を妨げ，多様な生物の共存を可能にしていた。

[2]捕鯨によってクジラが減ったため，食物を失ったシャチがラッコを襲うようになったと考えられている。

例2 **アラスカ沿岸のラッコ**

① **アラスカ沿岸の生物**：ジャイアントケルプ（コンブの一種）が生産者である。ケルプはウニに食われ，また，魚類などはケルプを生活場所にする。ウニはラッコに食われ，ラッコはシャチに食われる。

② **ラッコの減少**：人間がラッコを捕獲したり，シャチによるラッコの捕食量→[2]が増えたりして，ラッコの個体数が減少した。ラッコに捕食されなくなったウニが増加し，ケルプを食い尽くしたため，生産者であり，生活の場でもあったケルプを失った海域では，多くの生物が姿を消した。

③ **考察**：この生態系では<u>ラッコ</u>がキーストーン種で，ラッコがウニを捕食することで，<u>ウニ</u>の過度な増殖が防がれ，生産者であるケルプを中心とする生態系のバランスが保たれていた。

ラッコ
二次以上の
消費者
→ 人間による捕獲
→ シャチによる捕食

↑

ウニ
一次消費者

↑

ジャイアントケルプ
生産者

POINT 3 間接効果

2種の生物間にみられる競争や被食，捕食などの相互関係の程度が，**直接的に関係のない第三者である生物の影響を受ける**ことがある。

例1 **ヒトデが藻類に及ぼす間接効果**

ヒトデの減少がイガイの増加をもたらし，イガイと藻類の生育場所をめぐる競争に影響し，生育場所を奪われた藻類が激減した。

例2 **ラッコがジャイアントケルプに及ぼす間接効果**

ラッコの減少によってウニが増えたことが，ウニとジャイアントケルプの捕食－被食関係に影響し，ウニによる捕食が増加してジャイアントケルプが激減した。

EXERCISE 64 ●キーストーン種

海岸の岩場には，岩状に固着する生物（固着生物）を中心とする特有の生態系がみられる。右の図1はその一例である。この中のフジツボ，イガイ，カメノテ，イソギンチャクおよび紅藻は固着生物であるが，イボニシ，ヒザラガイ，カサガイおよびヒトデは岩場を動き回って生活してい

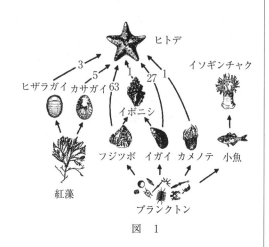

図　1

る。矢印は食物連鎖におけるエネルギーの流れを表し，ヒトデと各生物を結ぶ線上の数字は，ヒトデの食物全体の中で各生物が占める割合（個体数比）を百分率で示したものである。

この生態系の中に適当な広さの実験区を設定し，そこからヒトデを完全に除去したところ，その後，約1年の間に生物群の種構成が大きく変化した。岩場ではまずイガイとフジツボが著しく数を増して優占種となった。カメノテとイボニシは常に散在していたが，イソギンチャクと紅藻は，増えたイガイやフジツボに生活空間を奪われて，ほとんど姿を消した。その後，食物を失ったヒザラガイやカサガイもいなくなり，種構成の単純化が進んだ。一方，ヒトデを除去しなかった対照区では，このような変化はみられなかった。この野外実験からの推論として，**適当でないもの**を，次から二つ選べ。

① ヒザラガイとカサガイが消滅したのは，食物をめぐって両種の間に争いが起こったためである。

② イガイとフジツボが増えたのは，主に両種に集中していたヒトデの捕食がなくなったためである。

③ 種間の競争は，異なった栄養段階に属する生物の間でも起こりうる。

④ 上位捕食者の除去は，被食者でない生物の個体群にも間接的に大きな影響を及ぼしうる。

⑤ 上位捕食者の存在は，種構成の単純化をもたらしている。

（センター試験本試・改）

解答 ①, ⑤

解説 ① ヒザラガイとカサガイは紅藻を食物としている。紅藻が姿を消した
ため、両者は食物を失って消滅した。

⑤ この生態系ではヒトデがキーストーン種であり、種構成の多様性の維持に
はたらいている。

POINT 4 河川の自然浄化

　有機物を含む汚水が河川に流入すると、流れ下るうちに微生物による分解な
どにより、汚濁物質が減少する。これを<u>自然浄化</u>と呼び、生態系のもつ復元力
のはたらきである。

CHART 河川の自然浄化

① 流入した有機物を分解して細
菌が増殖。
　➡ <u>溶存酸素</u>が減少。

② 有機物分解に伴って、栄養塩
類（NH_4^+, NO_3^-, PO_4^{3-}）濃度
が上昇。NO_3^- は NH_4^+ の酸化
によって生じる。

③ 細菌を捕食して、<u>原生動物</u>が
増殖。

④ 藻類は、増加した栄養塩類を
吸収して増殖する。水の透明
度が上昇するため、藻類は活
発に光合成する。
　➡ <u>溶存酸素</u>が増加。

⑤ 栄養塩類の減少を受け、藻類
が減少する。

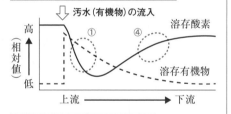

水中に溶存する酸素と有機物の関係

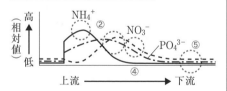

水中に溶存する栄養塩類の変化

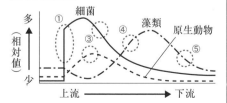

生物相の変化

BOD と COD

PLUS

BOD，COD のいずれも，数値が大きいほど，有機物汚染の度合いが大きい。

① **BOD(Biochemical Oxygen Demand ＝生物化学的酸素要求量)**：水生微生物
が水中の有機汚濁物質を 5 日間で分解するのに必要な酸素量を測定し，有機物汚
染の指標とする。BOD は，河川における自浄作用と同じ作用を利用した測定方法
なので，河川の水質汚濁の指標として適している。

② **COD(Chemical Oxygen Demand ＝化学的酸素要求量)**：過マンガン酸カリウ
ム等の酸化剤で，水中の有機物などの汚染源となる物質を酸化するときに消費さ
れる酸素量を測定し，水質汚濁の指標とする。湖沼や海域では水が長期間滞留す
るので，微生物では分解されにくい有機物による汚染も評価する必要があるため，
化学的に汚染を分解するのに必要な酸素量である COD が指標とされる。

EXERCISE 65 ●自然浄化

右図は，河川に有
機物を含む汚水が流
入した際の，上流か
ら下流にかけての物
質の濃度(図 1)と生
物の個体数(図 2)の
変化を示したもので
ある。なお，図 1 中
の BOD は生物化学
的酸素要求量のこと
で，値が大きいほど
河川水の有機物汚染
の程度が進んでいる
ことを示している。

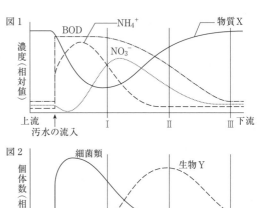

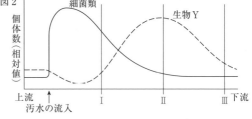

問 1 図 1 中の物質Xと，図 2 中の生物Yの組合せとして最も適当なもの
を，次から一つ選べ。

	物質X	生物Y		物質X	生物Y
①	二酸化炭素	原生動物	②	二酸化炭素	藻類
③	酸素	原生動物	④	酸素	藻類
⑤	PO_4^{3-}	原生動物	⑥	PO_4^{3-}	藻類

問 2 次の(1)〜(3)の理由として最も適当なものを，後の①〜⑧からそれぞ
れ一つずつ選べ。

(1)　物質Xが，汚水の流入したところよりもⅠで少ない。

(2)　生物Yが，ⅡよりもⅢで少ない。

(3)　物質Xが，ⅠよりもⅢで多い。

① 細菌類の異化作用によって，有機物合成が進行した。

② 細菌類の同化作用によって，有機物分解が進行した。

③ 独立栄養生物によって，呼吸が行われた。

④ 独立栄養生物によって，光合成が行われた。

⑤ 汚水中の有機物が，細菌によって酸化分解された。

⑥ 汚水中の有機物が，細菌によって吸収された。

⑦ 汚水中の有機物に由来する栄養塩類が過剰になった。

⑧ 汚水中の有機物に由来する栄養塩類が不足した。

解答　問1 ④　　問2 (1) ⑤　(2) ⑧　(3) ④

解説　有機物は細菌類の呼吸に使われ，有機物中の窒素が NH_4^+ として放出される。NH_4^+ は酸化されると NO_3^- となる。

問1　p.219の CHART と異なり，図2には原生動物は示されていないが，細菌類の減少には原生動物による捕食が関係している。

問2　①と②は，文章の内容として誤っている。

SUMMARY & CHECK

① 生態系は自ら元の状態に戻ろうとする復元力をもつが，強すぎるかく乱を受けると異なる生態系へと変化する。人間の生活活動によって生じるさまざまな問題は，復元力を超えたかく乱によって生じているといえる。

② 個体数としては少なくても，その生態系の維持に重要な役割を果たす種をキーストーン種と呼び，上位の捕食者であることが多い。ヒトデやラッコはその例としてよく知られている。

③ 食物網の最上位の捕食者の存在によって生産者の生育が可能になるなど，競争や捕食・被食のように直接的ではない生物の影響は，間接効果と呼ばれる。

④ 河川の自然浄化では，流入した有機物は流れ下るうちに，細菌の酸素消費を伴う呼吸によって分解され，生じた栄養塩類は藻類に吸収される。藻類の行う光合成によって，低下していた酸素濃度は回復する。

THEME
24 生態系のなかの人間
Humans in the ecosystem

GUIDANCE　近年は，生態系の復元力を超える人間活動による外力が生態系にかかることで，生態系内の均衡が崩れ，絶滅する生物も少なくない。生態系のバランスを崩壊させる要因と，人間が生態系を構成する一員として持続的に生活していくために，私たちができることについて学ぼう。

POINT 1 生態系の復元力を超える人間活動の影響

　人間の生活活動が過剰となって，規模の大きい人為的かく乱が起こると生態系のバランスが崩れ，生態系への影響が生じる。生態系の復元力を超えた外力を受けると，元の生態系には戻らず，別の生態系に変化する。

(1) 地球温暖化

　近年，地球の年平均気温が上昇する<u>地球温暖化</u>が問題となっている。海水の膨張などによって海岸近くの土地が水没し，気温の上昇による環境変化に対応できない生物が死滅するなどの問題が懸念されている。

① **原因**：<u>化石燃料</u>の大量消費と大規模な<u>森林破壊</u>などによって，大気中の<u>二酸化炭素(CO_2)濃度</u>が増加している。CO_2 は地表からの熱エネルギーを吸収し，その一部を地表に再放射して大気の温度を上昇させる。これを<u>温室効果</u>といい，このような効果のある水蒸気・CO_2・フロン・メタンなどを<u>温室効果ガス</u>と呼ぶ。

②**対策**：大量に排出され，かつ影響が大きいと考えられている CO_2 の排出量削減，CO_2 の吸収量を増やすための植林面積の増大などの取り組みが待たれる。

■1オゾン層を破壊する作用をもつが，温室効果ガスでもある。

■2水田の泥中での稲わらの分解に起因するものや，ウシの胃袋中での発生が知られている。

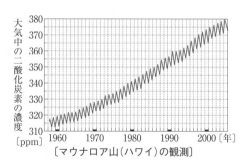

〔マウナロア山(ハワイ)の観測〕

※夏には北半球の陸地で植物の光合成が活発となり CO_2 濃度が低下する。反対に冬は不活発となるため，CO_2 濃度が上昇する。
※マウナロア山は人間活動の影響を直接には受けにくい太平洋の島にあるが，日本でも同様の傾向が確認されている。

(2) 富栄養化

　湖や内湾に<u>栄養塩類</u>(窒素やリンを含む)が多量に流れ込むと<u>自然浄化</u>のはたらきでは元に戻らなくなるような<u>富栄養化</u>が起こり，**植物プランクトン**が異常に増殖し，淡水では<u>水の華(アオコ)</u>，海域では<u>赤潮</u>が発生する。

　アオコが発生すると水中に光が届かなくなって水生植物(沈水植物)は生育できなくなり，栄養塩類が吸収されなくなってさらに富栄養化が進み，生態系のバランスが崩れる。赤潮が発生すると水中の<u>酸素</u>が欠乏したり，<u>えら</u>にプランクトンがつまったりして，魚やウニなどが大量死することがある。

① **原因**：生活排水や農耕地からの肥料に由来する栄養塩類などが，急激に流入することによる。

② **対策**：**下水中の過剰な有機物を処理**したり，**適切な量の肥料を投入**したりして，栄養塩類の流入を抑制する。

(3) 生物濃縮

　生物が取り込んだ<u>DDT</u>(かつて殺虫剤として利用)や<u>有機水銀</u>(水俣病の原因)などの特定の物質が，**外部の環境や食物よりも高濃度で体内に蓄積される現象**を<u>生物濃縮</u>という。食物連鎖を通じて，<u>高次</u>の栄養段階の生物体内に高濃度に蓄積される傾向がある。

① **原因**：生物が代謝系をもたないために分解されにくい物質や，<u>脂溶性</u>のために体内に取り込まれると排出されにくい物質が，<u>食物連鎖</u>を通じて体内に蓄積する。

② **対策**：環境残留性などを精査し，**生物濃縮されやすい物質の生産・使用や排出を規制**する。

PLUS　マイクロプラスチック

　環境中に放出された微小なプラスチック粒子は，マイクロプラスチックと呼ばれる。生物によって分解されにくいため環境中に残留しやすく，生物体内にも残りやすい。人間の生活で使用されたプラスチック製品が光などによって風化し，それが河川を通じて海洋まで流れ着く。化学繊維からなる衣服の洗濯後の排水や洗顔料などに含まれるプラスチック粒子も，多くが海に流れ着くようである。そのため，特に海洋の生態系に及ぼす影響が大きいと考えられ，実際に動物の体内から多くのプラスチック粒子が見つかっている。

PLUS　その他の人間活動の影響

　焼き畑による熱帯林の破壊，過剰な放牧による草地の砂漠化，道路建設による生息地の分断なども問題になっている。

EXERCISE 66 ●二酸化炭素の季節変動

　大気中の二酸化炭素は，　ア　や　イ　などとともに，温室効果ガスと呼ばれる。化石燃料の燃焼などの人間活動によって，図1のように大気中の二酸化炭素濃度は年々上昇を続けている。また，陸上植物の光合成による影響を受けるため，大気中の二酸化炭素濃度には，周期的な季節変動がみられる。図2のように，冷温帯に位置する岩手県の綾里（りょうり）の観測地点と，亜熱帯に位置する沖縄県の与那国島（よなぐにじま）の観測地点とでは，二酸化炭素濃度の季節変動のパターンに違いがある。

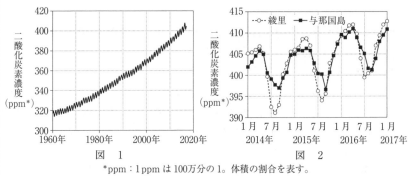

図　1　　　　　　　　　　　　図　2

*ppm：1ppm は 100 万分の 1。体積の割合を表す。

問 1　上の文中の空欄に入る語として適当なものを，次から二つ選べ。
① アンモニア　　② エタノール　　③ 酸素　　④ 水素
⑤ 窒素　　　　　⑥ フロン　　　　⑦ メタン

問 2　次の文章は，図1・図2をふまえて，大気中の二酸化炭素濃度の変化について考察したものである。文中の空欄に入る語として最も適当なものを，後の①～⑤からそれぞれ一つずつ選べ。必要があれば，同じものを繰り返し使用しても構わない。

　2000～2010年における大気中の二酸化炭素濃度の増加速度は，1960～1970年に比べて　ウ　。また，亜熱帯の与那国島では，冷温帯の綾里に比べて，大気中の二酸化炭素濃度の季節変動が　エ　。このような季節変動の違いが生じる一因として，季節変動が大きい地域では，一年のうちで植物が光合成を行う期間が　オ　ことがあげられる。

① 大きい　　　② 小さい　　　③ 長い
④ 短い　　　　⑤ 変わらない

（センター試験本試・改）

解答 **問1** ⑥, ⑦ **問2** ウ-① エ-② オ-④

解説 **問2** ウ．図1におけるグラフの傾きを，2000～2010年と，1960～1970年で比較する。

オ．POINT**1** では，気温変動の小さい赤道近くのマウナロア山でも，大気中のCO_2濃度が季節変動しているようすが認められた。このことは，大気中のCO_2濃度の変動には地球規模での大気循環も影響することを示す。しかし，綾里と与那国島の間で季節変動の程度に差があることから，それぞれの地域での光合成速度の違いなども関係していることがわかる。冷温帯の綾里のバイオームは夏緑樹林で，冬はほとんど光合成が行われない。

POINT**2** 生物種の絶滅

① **絶滅危惧種**：絶滅の恐れがある野生生物を絶滅危惧種という。生物の絶滅は進化の過程で自然にも起こるが，近年は森林伐採や乱獲，外来生物の導入などの人間活動の影響が大きい。

② **絶滅からの保護**：絶滅の恐れがある野生生物を分類したリストをレッドリスト，それらの状況について具体的にまとめた本をレッドデータブックという。国や団体によってさまざまなものが作成されている。絶滅から種を守るための国内法や国際条約の整備も進んでいる。

例 絶滅：ニホンオオカミ，ニホンカワウソ
絶滅危惧Ⅰ類(絶滅寸前)：コウノトリ，トキ，イリオモテヤマネコ

❸国内外の絶滅のおそれのある野生生物の種を保存するための「種の保存法」などがある。

❹絶滅のおそれのある野生動植物の種の国際取引に関する「ワシントン条約」がある。

POINT**3** 里山の生態系

過剰な人為的かく乱は元の生態系を変化させるが，適度な中規模のかく乱を必要とする生態系もある。

① **里山の維持**：農村の人里近くにある，雑木林や草原などの一帯を里山という。里山は，炭の生産や落葉の採取などの地域住民による生活活動の影響を受けて，安定的に維持されてきた。

② **里山の生態系の喪失**：近年は，人間の生活様式が変化してきて，適度なかく乱がなくなった。このため，雑木林の遷移が進行して常緑の樹木が増えて林内が暗くなったり，水田が放置されて用水路に生息していた生物がみられなくなったりしている。

EXERCISE 67 ●里山の生態系

西日本の日本海側の平野部に，稲作が盛んなX地区がある。X地区では，昭和初期まで伝統的な里山が維持され，野生のコウノトリが数十羽生息していた。コウノトリは，草地・畑・池や河川などの採餌場所を季節によって変える生態をもっていた。その後，急激に個体数が減少し，1971年には野生個体は絶滅した。

問1 里山の生態系とコウノトリとの関係を述べた次の文中の空欄に入れる語句として最も適当なものを，後の①〜⑥からそれぞれ一つずつ選べ。

里山は人里とその付近の森，ため池，水田，畑，草地などからなっている。耕作地で使用する農薬のある成分は，生物体内で分解されにくく，体外へ排出されにくい。戦後の日本で野生のコウノトリの数が減少し，1971年に野生の個体が絶滅したのは，水田での農薬使用量が増加し，　ア　を経て農薬の有害成分が　イ　され，高次の消費者であるコウノトリに害を与えたのが要因の一つと考えられている。また，灌漑設備の整備により，水を抜いた水田の期間が延びたこと，里山の手入れがなされず生物多様性が　ウ　なったことも影響している。

① 食物連鎖　　　② 水の循環　　　③ 生物体内に蓄積
④ 生態系内で希釈　　⑤ 低く　　　⑥ 高く

問2 X地区を含む日本の一般的な里山では，定期的な樹木の伐採，草刈り，堆肥づくりのための落ち葉の収集などが行われている。このように管理された里山の生態系について述べた次の文のうち，正しい記述を二つ選べ。

① 里山の森では，その土地の気候条件に合った極相林の状態が維持される。

② 落ち葉の収集によって，里山の森の土壌は自然林の土壌よりも貧栄養の状態である。

③ 定期的に草刈りをしていた草原で草刈りをやめると，在来の多年生草本(個体の地下部が2年以上生存する草本)の種数が増加する。

④ 里山の森の林床では，早春に葉を開いて花を咲かせる植物が生育しやすくなる。

(センター試験追試・改)

....

解答 **問1** ア−① イ−③ ウ−⑤ **問2** ②，④

解説 **問1** コウノトリの採餌の場所が限定されたり，生物多様性が低下したりすると，同一の生物ばかりを捕食することで，一気に生物濃縮が進む可能性が

ある。

問2 ①，④　里山では，樹木の伐採や草刈りなどの人による管理により，遷移
の進行が食い止められている。そのため，落葉性の樹木から構成された雑木
林の林床では，照度が高い早春に光合成などを行う植物（カタクリなど）がみ
られる。

②　落ち葉の収集によって，土壌への腐植の供給量が減少する可能性がある。

③　草刈りをやめると，草丈の高い草本や，さらには木本植物が生い茂るよ
うになり，草丈の低い草本や陽生植物が減少する可能性がある。

干潟の生態系

　満潮時には海面下，干潮時には陸地になる，砂泥からな
る地帯を干潟と呼ぶ。河川が運んできた栄養塩類を利用する藻類
やそれを食物にする生物も多く生息し，水中から有機物を取り除
く水質浄化の能力が高い。渡り鳥の餌場，海苔や貝類などの漁業
生産の場としても重要である。しかし，日本では埋め立てや干拓
によって，多くの干潟が失われた。

5特に水鳥の生息地
として国際的に重要
な湿地に関するラム
サール条約がある。

POINT **4** 外来生物

　ある地域にもともと生息している生物を在来生物という。それに対して，本
来はその地域に生活していなかったが，人間の活動の結果持ち込まれて，その
場に定着した生物を外来生物という。

① **在来生物への影響**：ある生態系を構成する在来生物は，外来生物による捕
食や，外来生物との競争の経験がないため，その外来生物によって個体数が
激減することがある。また，近縁な種との間で雑種が形成されて，在来生物
のもつ遺伝的な特性が失われることもある（遺伝子汚染）。

② **外来生物法**：既存の生態系に及ぼす影響が大きい外来生物は，外来生物法
によって特定外来生物に指定され，飼育や運搬などが禁止されている。

例　オオクチバス，ブルーギル，ウシガエル，フイリマングース，アライグ
マ，オオハンゴンソウ，ボタンウキクサなど（いずれも特定外来生物）

EXERCISE 68 ●生物の移入

　人間の活動によって他の生息地から持ち込まれた生物が，移入先の生物
に大きな影響を与えることがある。このことに関連する記述として**誤って
いるもの**を，次から一つ選べ。

①　人間の活動によって，もともと生息していなかった場所に他の生息地
から持ち込まれた生物は，外来生物（外来種）と呼ばれる。

24 生態系のなかの人間　**227**

② 人間の活動によって，もともと生息していなかった場所に他の生息地から持ち込まれた生物に対して，もともと生息していた生物は在来生物（在来種）と呼ばれる。

③ 人間の活動によって他の生息地から持ち込まれ，移入先の生物や環境に大きな影響を与える生物の中には，動物も植物も含まれる。

④ 日本では，人間の活動によって他の生息地から持ち込まれ，移入先の生物や環境に大きな影響を与える生物の飼育や運搬を規制する法律はなく，法的規制の対象となる生物も指定されていない。

⑤ オオクチバスは，人間の活動によって他の生息地から日本に持ち込まれ，もともと移入先に生息していたある種の魚類を激減させた。

（センター試験追試）

解答 ④

解説 ④ 外来生物法（特定外来生物による生態系等に係る被害の防止に関する法律）が施行されている。

POINT 5 生態系サービス

人間が生態系から受ける恩恵のことを，生態系サービスという。多様な生態系や生物種が存在することで，生態系サービスを受けることができる。生態系サービスは役割の違いによって，以下の4つに分けられる。

① 供給サービス：人間の生活に必要な資源（食料，医薬品，木材など）の提供を，供給サービスという。

② 調節サービス：人間が暮らす上で安全・適切な環境に維持・制御することを，調節サービスという。気候の調節，森林の存在による水の浄化，土壌流出の軽減のような災害の制御など。

③ 文化的サービス：豊かな文化を育てる，文化や活動の環境を提供することを，文化的サービスという。精神的な充足，海水浴やレクリエーション，ハイキングのようなレジャーの機会などを与える。

④ 基盤サービス：上記①～③を支える非生物的環境を形成し，生物の生存基盤をつくることを，基盤サービスという。光合成による酸素の発生，土壌の形成，栄養や水の循環など。

供給サービス	調節サービス	文化的サービス
食料・水 燃料 医薬品 繊維 など	気候の調節 病気・害虫の制御 洪水の調節 水質の浄化 など	レクリエーション 美術 宗教 教育 など

基盤サービス
植物による物質生産，栄養塩類循環，土壌形成，酸素供給など

POINT 6 生物の多様性

　生態系は多様な生物種で構成されており，これを生物の<u>種の多様性</u>(<u>種多様性</u>)という。種が多様であれば，生態系を構成する生物どうしのつながりも多様になる。p. 216 **POINT 2** キーストーン種で，ヒトデやラッコがキーストーン種として存在することによって，生態系が安定化していたことを思い出したい。

PLUS 生物多様性

　生物にみられる多様性を生物多様性といい，生物多様性には，種の多様性のほかに次のような階層の視点もある。

① **生態系の多様性(生態系多様性)**：異なる環境には異なる生物が生息し，さまざまな生態系が成立している。これを生態系の多様性(生態系多様性)という。生態系の例として，「森林生態系」，「草原生態系」，「湖沼生態系」などがある。生態系が多様であれば生物の生活場所が多様になり，多くの生物種が生活できるようになる。

② **遺伝子の多様性(遺伝的多様性)**：同種の生物であっても，各個体の遺伝子には違いがあり，さまざまな形態がみられる。これを遺伝子の多様性(遺伝的多様性)という。遺伝子が多様であれば形質も多様になり，環境が変化しても生存できる個体が存在する確率が高くなるので，種の絶滅が起こりにくくなる。

POINT 7 持続可能な人間活動と生態系

　人類が生態系サービスの恩恵を享受し続けるためには，人間活動が生態系に与える影響をなるべく小さくするような取り組みが必要である。

① **環境アセスメント**：日本では，道路やダム建設などで一定以上の規模の開発を行う際に，生態系が受ける影響を事前に調査することが法律で義務付けられている。開発によって生態系が受ける影響を小さくすることを目的とし，開発の影響を事前に調査・予測・評価する<u>環境アセスメント</u>が実施されている。

② **SDGs**：2015年の国連サミットで採択された「持続可能な開発目標(SDGs：Sustainable Development Goals)」は，持続可能でよりよい世界を目指す国際目標で，17のゴール(目標)が設定されている。それぞれのゴールは関連しあっており，人間の生活は生態系サービスの上に成り立っているものなので，生態系や生物多様性を保全することは，SDGsの狙うものの根底を支えることになる。

「気候変動から地球を守るために，今すぐ行動を起こそう」

「海の資源を守り，大切に使おう」

「陸の豊かさを守り，砂漠化を防いで，多様な生物が生きられるように大切に使おう」

〔生物基礎に関連が深い3つの目標〕

EXERCISE 69 ●生態系や生物多様性の保全

生態系と人間活動に関する記述として正しいものを，次からすべて選べ。

① 低緯度地域の生態系は，地球温暖化の影響をほとんど受けない。
② 窒素やリンを含む栄養塩類が増加すると，淡水の湖沼では赤潮，内湾では水の華(アオコ)が発生する。
③ 生態系や産業に大きな影響を及ぼす外来生物は，特定外来生物としてレッドデータブックに記載される。
④ 種の多様性が維持されることで，生態系は安定化しやすい。
⑤ 食料の獲得や気候の安定化は，生態系サービスのうちの基盤サービスに分類される。
⑥ 大規模な開発を行う際に環境アセスメントを行うことは，SDGsで設定された17の目標の一つである。

解答 ④

解説 ① 海水面の上昇などは，緯度によらず起こる。

⑤ 食料の獲得は供給サービス，気候の安定化は調節サービス。

⑥ 環境アセスメントの義務付けは日本の国内法による。SDGsは国連による国際的なもの。

SUMMARY & CHECK

① CO_2 のような温室効果ガスの放出によって，地球温暖化が進行している。

② 河川は自然浄化の能力をもつため，上流で流れ込んだ汚水中の汚濁物質は下流では減少することが多い。しかし，大量の栄養塩類が水中に含まれると，湖沼での水の華（アオコ）や海洋での赤潮の発生につながる。

③ 人間の生活活動の結果，地球上で多くの生物が絶滅の危機に瀕している。人間が他の生態系から持ち込んだ外来生物の影響も大きい。

④ 生物にみられる多様性を生物多様性といい，特に生態系を構成する生物種の多様さを種の多様性（種多様性）と呼ぶ。人間が生態系サービスの恩恵を受けるためには，生物多様性を維持することが重要である。

⑤ 大規模な開発後の生態系の保全のために，日本では環境アセスメントの制度がある。国際的な行動計画であるSDGsのなかにも，生態系の保全に関係するものが含まれる。

→ 解答は別冊p. 10

次の文章（**A・B**）を読み，後の問い（**問1～4**）に答えよ。

A タロウさんとリカさんは，20年前の1993年に学校の裏山で行われた森林の樹高調査に関する資料を見つけた。この資料では，裏山の森林は針葉樹のアカマツと広葉樹のスダジイが樹木の大半を占めており，ほぼ均一に混生していた。

二人は，裏山の森林生態系が，その後どのように変化したのかについて興味をもち，20年前と同じ調査を計画した。そこで森林内部に50m×50mの調査区を設定し，樹高2m以上のすべての個体の樹高を測定した。

次の図1は，二人の調査結果を20年前の結果と合わせて，すべて示したものである。20年前と同じく2種以外の樹木はほとんど見られなかった。

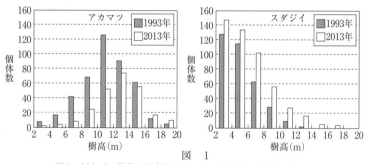

図　1

（注）例えば，横軸の測定値が2～4mの区間に属する場合，樹高が2m以上，4m未満であることを示す。

問1 図1に関する次の会話文を読み，後の問い（**a・b**）に答えよ。

タロウ：アカマツはこの20年間で樹高が ア の個体数が大きく減っているけど，スダジイはどの樹高でも個体数が増えているよ。

リ　カ：1993年と2013年のどちらでも，樹高の平均値はアカマツよりもスダジイの方が イ わね。

タロウ：この2種のうち，樹高の最大値が20年間で大きく増加したのは ウ の方だね。

リ　カ：二つのデータを比較して，この20年間に裏山で生じた森林生態系の変化について考察してみましょう。

a 上の会話文中の空欄に入れる語句の組合せとして最も適当なものを，次の①～⑧から一つ選べ。

	ア	イ	ウ
①	12m 以上	小さい	アカマツ
②	12m 以上	小さい	スダジイ
③	12m 以上	大きい	アカマツ
④	12m 以上	大きい	スダジイ
⑤	12m 未満	小さい	アカマツ
⑥	12m 未満	小さい	スダジイ
⑦	12m 未満	大きい	アカマツ
⑧	12m 未満	大きい	スダジイ

b 上の会話文中の下線部に関して，図1から推測されることの記述として最も適当なものを，次の①～⑤から一つ選べ。ただし，ここでは森林の下層とは地表からの高さが12m未満の範囲を指し，上層とは高さ12m以上の範囲を指す。

① 森林の下層にスダジイが存在すると，アカマツの伸長は停止する。

② 今後も裏山の森林生態系の変化が継続すると，アカマツの個体数は減少する。

③ アカマツの最大樹高を超えて成長するスダジイは，今後も現れない。

④ 1993年には，森林の下層にアカマツが多く存在したため，スダジイの芽生えは生育できなかった。

⑤ この20年間で，夏緑樹林から照葉樹林への遷移が進行した。

問2 二人は調査結果を活用して，アカマツとスダジイの幹に固定されている二酸化炭素の量を求めることにした。インターネットで調べたところ，次のような手順1～4で求められることがわかった。手順2の空欄 エ に入れる記述として最も適当なものを，後の①～⑥から一つ選べ。

手　順

1 測定した樹高と幹の直径に基づいて，幹の体積を求める。

2 幹から木材の小片を試料として採取し，その試料について エ を調べる。

3 幹の体積と手順2で調べた値を用いて，幹をよく乾燥させた後の重量（乾燥重量）を求める。

4 幹の乾燥重量の50％を，幹に含まれる炭素の総重量とみなし，それに3.67という定数を掛けて，幹に固定されている二酸化炭素量を求める。

① 採取直後の重量と，よく乾燥させた後の体積
② 採取直後の重量と，よく乾燥させた後の重量
③ 採取直後の重量と，完全に燃焼させた後の灰の重量
④ 採取直後の体積と，よく乾燥させた後の体積
⑤ 採取直後の体積と，よく乾燥させた後の重量
⑥ 採取直後の体積と，完全に燃焼させた後の灰の重量

B　火山活動が活発なハワイ島には，狭い地域の中に，過去の噴火によって形成された多数の溶岩台地がある。形成後の年数（古さ）が異なる溶岩台地の間で，台地上の植生や土壌の状態を比較することによって，遷移の過程を調べることができる。古さが異なる溶岩台地における植生の状態を調べたところ，表1の結果が得られた。

表　1

溶岩台地の古さ（約）	群落高（m）*	種数	主な植物種の被度(%)**					
			草本A	低木B	高木C	シダD	高木E	木生シダF***
10年	0	10	0.1	0.1	―	―	0.01	―
50年	3	25	0.1	0.1	2	29	5	0.6
140年	7	36	0.1	2.5	22	78	15	0.1
300年	10	64	―	1.1	24	7	8	73
1400年	22	62	―	0.1	42	―	15	83
3000年	18	60	―	0.6	―	10	43	88

*群落高：調査地に生えている植物の平均的な高さ（小数点以下は切り捨て）。
**被度：その植物種の葉で覆われる地面の面積率。「―」は存在しないことを示す。
***木生シダ：成長すると数メートルの高さに達するシダのなかま。

問3　表1の各調査地において土壌の深さを調べたとき，溶岩台地の古さ（横軸）と土壌の深さ（縦軸）との関係を示すグラフとして最も適当なものを，次の①～⑥から一つ選べ。

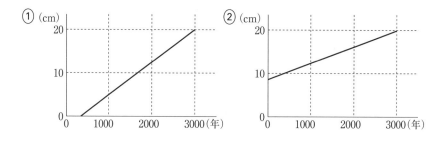

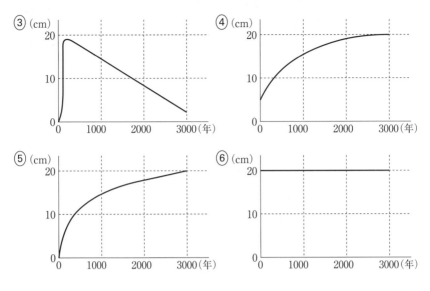

問4 表1の結果から導かれる，この調査地における遷移についての説明として適当なものを，次の①〜⑧から二つ選べ。

① 極相種は高木Cである。

② 遷移の進行に伴い，優占種は草本→シダ→低木→高木の順に移り変わる。

③ 遷移の進行に伴い，シダ植物は減少していく。

④ 植物の種数は，最初の300年間は，遷移の進行に伴い増加する。

⑤ 植物の種数は，植被率(主な植物種の被度の合計)が大きいほど減少する。

⑥ 植物の種数は，群落高に比例して増加する。

⑦ 植被率は，遷移開始から約50年後より，約300年後の方が大きい。

⑧ 群落高は，遷移開始から約300年で最大値に達する。

(センター試験追試)

次の文章（**A・B**）を読み，後の問い（**問 1～5**）に答えよ。

A　本州のツキノワグマ（以下，クマという）はふだん山奥に棲んでいるが，年によっては秋になると多くの個体が人里に現れ，大きな社会問題となる。ミノルさんとサユリさんはこのことに関心をもち，図書館で資料を集めた。

ミノル：クマは植物を食べるという点では　ア　だけど，同時に動物も食べるよ。季節によって食べるものは大きく違うだろうか。

サユリ：秋にはブナやミズナラのような栄養価の高い木の実をたくさん食べて，冬眠に備えているのね。たくさんの実をつける樹木には，実の数が年によって大きく変動する種類が多いわ。

ミノル：それなら，木の実の数の少ない年の秋に山の中に餌となる木の実を大量にまけば，人里へのクマの出現を減らせるんじゃないだろうか。

サユリ：人里への出現の原因が秋季の食物の不足だという　イ　を検証するための方法としては面白そうね。だけど，　ウ　を行うとしたら，　イ　に直接関わる以外の条件を全部同じにしないといけないから，自然の森の中では大変だと思うわ。

問 1　二人の会話文中の空欄の中に入れる語の組合せとして最も適当なものを，次の①～⑧から一つ選べ。

	ア	イ	ウ
①	一次消費者	法　則	観　察
②	一次消費者	法　則	対照実験
③	一次消費者	仮　説	観　察
④	一次消費者	仮　説	対照実験
⑤	二次消費者	法　則	観　察
⑥	二次消費者	法　則	対照実験
⑦	二次消費者	仮　説	観　察
⑧	二次消費者	仮　説	対照実験

問2　ミノルさんとサユリさんは，人里に出現して捕殺されたクマの頭数につ
いて，ブナやミズナラの結実数との関係を示した資料を見つけた。この資料
では，日本のある地域で，1980年から1996年にかけて年ごとに，ブナとミズ
ナラの特定の数本の木の枝にできた実の数を数えて結実数とし，それらをそ
の年に捕殺されたクマの頭数と比較してあった。二人は，図1のように，こ
れらのデータをクマの捕殺数の多い年の順に並べかえてみた。この図を見
て，後の問い（**a・b**）に答えよ。

a　クマの捕殺数の増減について，図1からわかることとして最も適当なも
のを，後の①〜⑤のうちから一つ選べ。

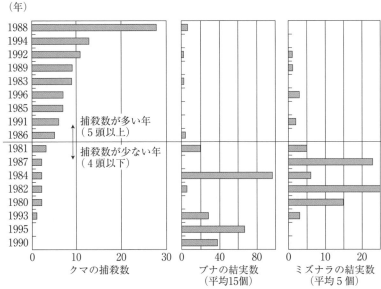

出典：長井真隆『富山の生物(1998)』より改変
図　1

① ブナの結実数が平均以下の年は，クマの捕殺数が多い。
② ブナの結実数が平均以下の年は，クマの捕殺数が少ない。
③ ブナの結実数が平均以上の年は，クマの捕殺数が多い。
④ ブナとミズナラの結実数のいずれかが平均以下の年は，クマの捕殺数
　が多い。
⑤ ブナとミズナラの結実数がいずれも平均以下の年は，クマの捕殺数が
　多い。

b　クマの捕殺数の増減が人里への出現の増減を反映しているとする。クマ
の人里への出現対策に関して，図1から考察できることを述べた文Ⅰ〜Ⅲ

の組合せとして最も適当なものを，後の①〜⑦から一つ選べ。

Ⅰ　ブナもミズナラも結実数の増減が大きいので，結実状況を毎年調べて人里へのクマの出現を予想できるようにするとよい。

Ⅱ　クマの人里への出現をなくすために植樹を行う場合，結実数の増減が一致する複数の種類の樹木を植えるとよい。

Ⅲ　人里でクマと出会った場合どのように対処するべきかについて，インターネットなどを通じて周知徹底をはかるとよい。

① Ⅰ　　　② Ⅱ　　　③ Ⅲ　　　④ Ⅰ・Ⅱ

⑤ Ⅰ・Ⅲ　　⑥ Ⅱ・Ⅲ　　⑦ Ⅰ・Ⅱ・Ⅲ

B　表1は，年代ごとの絶滅速度（1年あたりに絶滅する生物種の数）の推定値である。

表　1

年代	絶滅速度
6500万年前ごろ	0.001
西暦1600年ごろ	0.25
西暦1900年ごろ	1
西暦1975年ごろ	1000
西暦2000年ごろ	40000

出典：N.マイアース『沈みゆく箱舟』より改変

トモヤ：絶滅速度は，人類がいない時代に比べて，人類がいる時代は桁違いに大きくなっているよね。たしか6500万年前って恐竜など多くの生物が絶滅したときだよね。

カ　ナ：特に西暦1900年ごろから，絶滅速度は急激に上昇しているわ。西暦2000年ごろの地球の生物種の数を1000万種と仮定すると，1年あたりで，およそ　エ　％絶滅していることになるのね。生物の多様性が　オ　することになるわね。

トモヤ：そうすると地球環境全体に影響するのじゃないかなあ。

問3　表1に関するトモヤさんとカナさんの会話文中の空欄に入れる数値および語の組合せとして最も適当なものを，次の①〜④から一つ選べ。

	エ	オ		エ	オ
①	0.004	上昇	②	0.004	低下
③	0.4	上昇	④	0.4	低下

問4　二人は現在の生物の絶滅に興味をもち調べてみた。そして絶滅のおそれのある鳥類の種数を示す図2と，現在の絶滅のおそれのある生物のうち，その原因が特定できる種数を絶滅の要因別に示した表2を見つけた。図2および表2に関する後の問い（a・b）に答えよ。

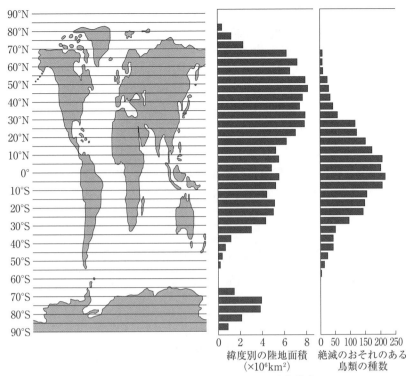

出典：IUCN, *A Global Species Assessment* より改変

図　2

表2　要因別に示した絶滅のおそれのある種の数

要　因	カ	乱　獲	外来生物	その他
哺乳類	68	54	6	20
鳥　類	58	30	28	2
は虫類	53	63	17	9
両生類	77	29	14	3
魚　類	78	12	28	2

a　絶滅のおそれのある鳥類の種数について，図2から考えられることとして最も適当なものを，次の①～⑥から一つ選べ。

① どの緯度でも同じである。

② 熱帯で最も多い。

③ 陸地面積あたりで考えると，北緯40°から北緯50°の間で多い。

④ 陸地面積あたりで考えると，南極大陸で多い。

⑤ 陸地面積と反比例の関係にある。

⑥ 北半球では南半球の約3倍である。

b 表2の空欄 ［カ］ に入る語句として最も適当なものを，次の①〜⑤から一つ選べ。

① 酸性雨　　② 伝染病の流行　　③ オゾン層の破壊

④ 二酸化炭素濃度の上昇　　⑤ 生息場所の減少

問5 ある地域では，外来植物A（キク科の草本）が侵入し，その分布が広がりつつある。二人は，この外来植物Aについて調べ，次の表3にまとめた。この表から読み取れる外来植物Aの特徴と，分布拡大を防ぐための方法を述べた文として最も適当なものを，後の①〜⑤のうちから一つ選べ。

表　3

場　所	裸　地	草　原	林の縁	林の中
相対照度(%)	100	70	50	20
外来植物Aの侵入の有無	有	有	無	無
外来植物Aの成長率	255.1	1.3	—	—

（注）　相対照度は太陽光線が直接当たる場所を100%としたときの各場所の明るさの割合を示し，成長率は40日間の「葉の広がり×植物体の高さ」の増加の割合を示す。

① 外来植物Aは極相林の構成種であるので，樹木の伐採を行う。

② 外来植物Aは林の中に生育しやすいので，林床の下草刈りを行う。

③ 外来植物Aは明るい場所に生育しやすいので，裸地を作らない。

④ 外来植物Aは草原には生えてこないので，草原を維持する。

⑤ 外来植物Aは草原では裸地よりも成長率が大きいので，草原の草を刈り取る。

（センター試験追試）

別冊解答

大学入学
共通テスト

生物基礎
集中講義 改訂版

旺文社

チャレンジテストの解答

1 **答え** 問1 ①, ④　　問2 ア-②　イ-⑦　　問3 ④　　問4 ③

解説 **問1** 植物の光合成では,

二酸化炭素(CO_2)＋水(H_2O)＋光エネルギー ―――→ 有機物($C_6H_{12}O_6$)＋酸素(O_2)

の反応が進行する。この有機物とは, 具体的には糖(グルコースやデンプン)である。

問2 ア. 共生藻の光合成を阻害するためには, 光合成を阻害する薬品を用いるほか
に, 光エネルギーを利用した光合成の反応が進行し得ない環境, すなわち暗所で
培養することが考えられる。

イ. クロレラのような藻類は真核生物であり, 光合成は細胞内の葉緑体で行われ
る。

問3 ミドリゾウリムシ内部の共生藻は, 光合成を行うことから独立栄養性である。
一方, 白いミドリゾウリムシは従属栄養性である。白いミドリゾウリムシなどを除
き, 共生藻のコロニーだけを単離するためには, 光エネルギーがあって共生藻が光
合成を行える条件(明所)で, かつ白いミドリゾウリムシのような従属栄養生物が生
存できない条件(有機物(肉汁)が含まれない培地)で培養するのがよい。

問4 実験3が暗富(暗黒に保たれ, いずれのゾウリムシも摂取する栄養が豊富にあ
る条件)で行われていることは, 設問文に示されている。

実験1は実験3に似ているが, ミドリゾウリムシの増殖曲線が実験3よりもやや
立ち上がった形状である。このことは, ミドリゾウリムシが白いミドリゾウリムシ
よりも増殖する上で何らかの有利性をもつからであり, 実験1は実験3とは異なり
光を十分に当てたと考えれば, 共生藻の光合成によっても有機物を得られるミドリ
ゾウリムシが, 白いミドリゾウリムシより有利に増殖できることを説明できる。

次に, 実験2と実験4について考える。いずれの実験でも白いミドリゾウリムシ
は増殖することができていない。この事実は, これらの実験がいずれも貧(従属栄
養性である白いミドリゾウリムシが摂取する栄養がほとんどない条件)で行われた
ことを示す。しかし, 実験4ではミドリゾウリムシが白いミドリゾウリムシと同様
に増殖できないのに対し, 実験2ではミドリゾウリムシがよく増殖できていること
から, 実験4とは異なって実験2は明(光合成が可能で独立栄養のミドリゾウリム
シが有機物を合成できる, 光を十分に当てた条件)であると判断できる。

共通テストに向けてこの問題から学んでほしいこと

共通テストでは, 受験生が見たことのない題材が扱われることは不可避である。しかし,
教科書レベルの知識の運用と問題文の読み取りで, 必ず対応できる。落ち着いて対処する訓
練を重ねていこう。

<table>
<tr><td rowspan="2">2</td><td rowspan="2">答え</td><td>問1 ③</td><td>問2 ④</td><td>問3 ②</td><td>問4 ②</td></tr>
<tr><td>問5 ③</td><td>問6 ⑤</td><td></td><td></td></tr>
</table>

解説 **問1** 問われていることは，「ヒトまたは大腸菌のどちらか一方のみがもつ細胞の特徴」である。

ア．細胞壁は，動物細胞であるヒト細胞には備わらない。大腸菌のような原核細胞は，細胞壁をもつ(植物細胞の細胞壁とは組成が異なる)。

イ．ヒト，大腸菌の細胞ともに，葉緑体をもたない。

ウ．ヒト，大腸菌の細胞ともに，細胞である以上，細胞分裂によって増殖する(分裂の様式は異なる)。

エ．真核細胞であるヒト細胞には，核膜に包まれた核がある。大腸菌は原核生物であるから，細胞内に核膜や核はない。

問2 ① 細胞の種類によって発現する遺伝子やその組合せが異なる。すなわち，選択的な遺伝子発現が細胞分化のおおもとにある現象である。非常に重要な概念である。

② DNA と mRNA では，構成するヌクレオチド中の塩基のうち，アデニン，グアニン，シトシンが共通している。DNA に含まれるチミンは，mRNA ではウラシルに相当する。

③ 生物がもつ DNA が 2 本鎖であるのに対し，RNA は基本的に 1 本鎖である。

④ 転写のときも DNA の複製のときも，DNA の 2 本鎖が部分的にほどけて 1 本鎖になった部分で，転写や複製の反応が進む。

なお，複製では DNA の 2 本鎖の両方が鋳型となって，もとと全く同じ塩基配列の DNA が 2 分子できるが，転写では DNA の 2 本鎖の一方の鎖だけが RNA 合成の鋳型として用いられる。

⑤ 直接的には，mRNA のもつ 3 つ組塩基で 1 個のアミノ酸が指定されるが，mRNA は DNA から転写されてできたものだから，遺伝子(DNA)の塩基配列がタンパク質のアミノ酸配列を指定しているといえる。

問3 選択肢をざっと検討すると，正誤の判定がかなり面倒そうである。しかし，細かな計算を実行しなくても，表の数値を見比べるだけですぐに誤りだと判断できる選択肢がいくつかある。これに気がつけば心理的負担はかなり軽減するだろう。

③ 表1中で原核生物は大腸菌しかいない。表中では大腸菌に次いでゲノムの大きさが小さな酵母(酵母菌と表記されることもある。カビやキノコのなかまである菌類に分類される真核生物)を大腸菌と比較する。

$\dfrac{\text{大腸菌}(5.0\times10^6\text{塩基対})}{\text{酵母}(1.2\times10^7\text{塩基対})}$であり，$\dfrac{1}{10}$以下とはいえない。

⑤ 表1中で，ゲノムの大きさが最も小さい大腸菌(5.0×10^6塩基対)のゲノム中の遺伝子の領域の割合は90%だが，ゲノムの大きさが最も大きいヒト(3.0×10^9塩基対)のゲノム中の遺伝子の領域の割合は2%である。ゲノムの大きさが小さい

生物ほど，ゲノム中の遺伝子の領域の割合が低い傾向があるとはいえない。

ここまでは，筆算をすることなく，ほぼ表の数値を見て突き合わせるだけで正誤の判定が可能である。しかし，この先は確信をもって選択肢を判断するために，多少の計算が必要である。

④ 表1中で，ゲノム中の遺伝子の領域の割合が最も高い生物は大腸菌(90%)，反対に最も低い生物はヒト(2%)である。

大腸菌のゲノム(5.0×10^6 塩基対)中の遺伝子の領域は，

$$5.0 \times 10^6 〔塩基対〕 \times \frac{90}{100} = 4.5 \times 10^6 〔塩基対〕$$

である。このなかに4.5×10^3個の遺伝子が含まれているので，遺伝子(1個)の平均的な大きさは，

$$\frac{4.5 \times 10^6 〔塩基対〕}{4.5 \times 10^3 〔個〕} = 1.0 \times 10^3 〔塩基対/個〕$$

である。

同様に計算して，ヒトのゲノム(3.0×10^9 塩基対)中の遺伝子の領域は，

$$3.0 \times 10^9 〔塩基対〕 \times \frac{2}{100} = 6.0 \times 10^7 〔塩基対〕$$

で，このなかに2.0×10^4個の遺伝子が含まれているので，遺伝子(1個)の平均的な大きさは，

$$\frac{6.0 \times 10^7 〔塩基対〕}{2.0 \times 10^4 〔個〕} = 3.0 \times 10^3 〔塩基対/個〕$$

である。

したがって，ゲノム中の遺伝子の領域の割合が高い生物ほど，遺伝子の平均的な大きさが大きいとはいえない。

① 大腸菌に比較して，ヒトのゲノムの大きさは，

$$\frac{3.0 \times 10^9 〔塩基対〕}{5.0 \times 10^6 〔塩基対〕} = 600 〔倍〕$$

である。しかし，遺伝子の平均的な大きさは上の④の計算より，大腸菌が1.0×10^3〔塩基対/個〕，ヒトが3.0×10^3〔塩基対/個〕と3倍以上の違いがあり，ほぼ同じ大きさであるとはいえない。

② イネに比較すると，ヒトのゲノムの大きさは，

$$\frac{3.0 \times 10^9 〔塩基対〕}{4.0 \times 10^8 〔塩基対〕} = 7.5 〔倍〕$$

である。また，ゲノム中の遺伝子の領域の大きさは，

ヒト $\quad 3.0 \times 10^9 〔塩基対〕 \times \dfrac{2}{100} = 6.0 \times 10^7 〔塩基対〕$

イネ $\quad 4.0 \times 10^8 〔塩基対〕 \times \dfrac{20}{100} = 8.0 \times 10^7 〔塩基対〕$

であり，ゲノム中の遺伝子の領域の大きさの総計は，ヒトはイネよりも小さい。したがって，この②が最も適当である。

問 4 だ腺染色体で観察されるパフの部分では，活発な RNA 合成，すなわち転写が行われている。RNA はピロニンによって赤桃色，DNA はメチルグリーンによって青緑色に染色されるため，メチルグリーンとピロニンの両方を用いて染色すると，だ腺染色体は全体的に青緑色になって，パフの部分だけ赤桃色になる。しかし，本問では，だ腺染色体で観察される縞模様の観察に用いる染色液を問うている。縞模様は遺伝子の存在位置に対応すると考えられていて，この観察には酢酸オルセイン溶液などが適当である（メチルグリーンでも縞模様は観察できるが，選択肢にはない）。

問 5 mRNA 中で，アデニン（A）＝30.0%，グアニン（G）＝26.0%，シトシン（C）＝16.0%，ウラシル（U）＝28.0%だから，この mRNA の転写に用いられた DNA 中の鋳型鎖では，チミン（T）＝30.0%，C＝26.0%，G＝16.0%，A＝28.0%である。また，非鋳型鎖は，mRNA の塩基配列の U を T にかえたものであること，あるいは鋳型鎖との間で相補性があることから考えて，A＝30.0%，G＝26.0%，C＝16.0%，T＝28.0%である。したがって，2 本鎖からなる DNA 全体で含まれる A の割合は，

$$\frac{28.0+30.0}{2}=29.0 (\%) \quad とわかる。$$

問 6 ① パフでは転写が行われているのであり，S 期に進行する DNA の複製がホルモン X によって開始されているとは考えにくい。

② パフ A が観察されない時期に，ホルモン X 濃度が上昇している。パフ A の位置に，ホルモン X の合成に関わる情報が存在するとはいえない。

③，⑤ 実験で，ホルモン X の注射でパフ B および C が出現したことは，パフ B や C の位置にホルモン X の合成に関わる情報があるというより，ホルモン X によってパフ B および C にある情報が使われ始めたと考えるのが妥当である。したがって，③は適当でなく，⑤が最も適当である。

④ パフ A は，ホルモン X 濃度がほとんど認められないとき（蛹化開始後 0 ～ 9 時間）に観察されるが，ホルモン X 濃度が比較的高いとき（蛹化開始前 −4 ～ 0 時間，蛹化開始後 9 ～12時間）には観察されない。ホルモン X によって，パフ A の位置にある情報が使われ始めているというより，反対にパフ A の位置にある情報が使われにくくなっている可能性が高い。

共通テストに向けてこの問題から学んでほしいこと

共通テストでは，手早く処理できるものから時間のかかる煩雑なものまで，いろいろな計算問題が出題される。定型的な計算についてはよく練習しておこう。見たことがない計算は特別な知識は求められず，指示に従ってただ計算していくだけのことも少なくない。筆算するまでもなく切り捨てることができる選択肢を見出せるかどうかも重要だ。たった30分間の試験時間だから，効率的に選択肢を検討していこう。

3 答え 問1 ⑦　問2 Ⅲ-④　Ⅳ-②　問3 ④　問4 ②

解説 **問1**　カエルでは，チロキシンを飼育水に加えると幼生の変態が速く進むことから，**チロキシンは変態を促進する**作用があるといえる。問題の指示通り，カエルのチロキシン分泌調節が，ヒトなどの哺乳類と同様の機構であるという前提で考えていく。間脳の視床下部からの甲状腺刺激ホルモン放出ホルモンは，脳下垂体前葉からの甲状腺刺激ホルモンの分泌を促進する。また，甲状腺刺激ホルモンは甲状腺に作用して，チロキシン分泌を促進する。したがって，ア（間脳の視床下部）の抽出液には甲状腺刺激ホルモン放出ホルモン，イ（脳下垂体）の抽出液には甲状腺刺激ホルモン，ウ（甲状腺）の抽出液にはチロキシンがそれぞれ含まれていて，いずれの注射でも，幼生の変態が速く進むことが予想される。

問2　図1から，形態指標1から数えて経過日数が21日（3週間）の時点で，形態指標6の幼生にまで変態が進んでいることがわかる。実験1では形態指標1の幼生を異なる条件で飼育して，3週間後の形態を形態指標に基づいて比較している。図2のⅠ〜Ⅳはそれぞれ異なる形態指標であるが，そのうちⅡは形態指標が6であることから，**これが実験1での「対照実験群（飼育水のみ）」に相当する**ことがわかる。これは，設問文中の指示に従った図の読み取りである。

　ⅢやⅣは形態指標が6より大きく，対照実験群のように幼生自身が合成するチロキシンのほかに，外部からさらにチロキシンを投与したものであると考えられる。化学物質Ｘはチロキシンの作用を阻害しているか，増強しているかのどちらか（実験1はこれを調べるための実験）であるから，**いったん化学物質Ｘのはたらきを，チロキシン作用を増強するか阻害するかのどちらかに仮定して考えてみる。**

化学物質Ｘはチロキシン作用を増強すると仮定した場合：この場合，Ⅲが「チロキシン投与群」で，Ⅳが「チロキシンおよび化学物質Ｘ投与群」と判断される。残るⅠが「化学物質Ｘ投与群」となるが，Ⅱよりも形態指標が小さいため，ⅠはⅡの幼生自身が合成するチロキシン作用が化合物Ｘによって阻害された結果とみるしかなく，仮定と矛盾する。

化学物質Ｘはチロキシン作用を阻害すると仮定した場合：この場合，Ⅳが「チロキシン投与群」で，Ⅲが「チロキシンおよび化学物質Ｘ投与群」と判断できる（Ⅲでは投与したチロキシンを化学物質Ｘが阻害しているためⅣよりは形態指標が小さいが，投与したチロキシンが完全に無効化されたわけではなくチロキシン未投与の対照実験群であるⅡよりは形態指標が大きい）。残るⅠが「化学物質Ｘ投与群」となるが，Ⅱよりも形態指標が小さく，仮定の通りに化学物質ＸはⅡの幼生自身が合成するチロキシン作用を阻害していると考えればよく，すべての実験結果を矛盾なく説明することができる。

　したがって，化学物質Ｘのはたらきはチロキシンの阻害であり，Ⅱの「対照実験群」に対して，Ⅳが「チロキシン投与群」，Ⅲが「チロキシンおよび化学物質Ｘ投

与群」，Ⅰが「化学物質X投与群」である。

問3 ①と②が紛らわしい。

① ぼうこうの拡張は交感神経，収縮は副交感神経によるものである。仮にぼうこうを拡張させるホルモンが失われていたとしても，長期的に多量の尿が出され続ける（生成され続ける）とは考えにくい。

② 尿をつくらせないホルモンが失われたのならば，尿を多量に出すことになるだろう。しかし，尿をつくらせるホルモンが失われたとすると，尿を多量に出すことはないはず。

③ 小腸の機能と尿生成は，直接的には関係が薄い。

④ ここで除去された内分泌腺は脳下垂体後葉であり，集合管からの水の再吸収を促進するバソプレシン（腎臓の機能に関係したホルモン）が後葉から分泌されなくなったものと考えられる。水の再吸収が促進されないのだから，原尿中の多くの水が尿へ排出されることになり，尿を多量に出すようになったことの説明がつけられる。

問4 脳下垂体からは，前葉なら甲状腺や副腎皮質の刺激ホルモン，成長ホルモン，後葉ならバソプレシンが分泌される。脳下垂体の除去によって，これらのホルモンの分泌が失われる。

① 副腎髄質からのアドレナリン分泌は，交感神経の支配下にあるものであり，脳下垂体からのホルモンによる調節ではない。また，仮にアドレナリンの分泌が低下したとしても，アドレナリンの作用から考えて心拍数は上昇するのでなく，下降するだろう。

② 糖質コルチコイドの分泌は，脳下垂体（前葉）からの副腎皮質刺激ホルモンの支配下にある。したがって，代謝が抑制された組織において，呼吸による酸素消費量が減少する可能性が考えられる。

③ 副腎皮質や甲状腺に対する刺激ホルモンがなくなれば，糖質コルチコイドやチロキシンの血中濃度は低下する。その低い血中濃度が視床下部にフィードバックされると，視床下部からの放出ホルモンの分泌量は増加すると予想される。また，これらのホルモン分泌量の変化は，血圧低下に結びつけにくい。

④ バソプレシンは分泌が低下するが，バソプレシンは血糖濃度の調節には直接的には関係せず，血糖濃度が高くなるとは考えにくい。

共通テストに向けてこの問題から学んでほしいこと

共通テストでは，いくつかのグラフや表を突き合せるような問題が出題される。与えられた複数のデータには一般に何らかの関連性があるはずであり，例えば本問Ａの場合では図2だけでは判断できないことも，図1の内容を併せることで考察にもち込むことができた。また，確実に考察するためには正しい知識は必須であり，本問Ｂにあるような，各ホルモンの分泌調節のしくみやはたらきなどについて，正しく理解して記憶しておく必要がある。

4 答え　**問1** ③　　**問2** ①　　**問3** ア-④　イ-②　　**問4** ②

解説　**A**　問題文に説明されている内容が，生物基礎の教科書の内容をやや逸脱するように見えるかもしれない。しかし，特殊な知識を求めているわけではなく，問題文を丁寧に読み解くことで対応できる。

問題文中に書かれていることを整理すると，次のようになる。

(i) ヒトの細胞表面にある MHC 抗原(タンパク質)は個人ごとに異なる。T 細胞は細胞表面にあるタンパク質を利用して自分と他人の MHC 抗原を認識し，他人の MHC 抗原の場合は活性化された T 細胞による移植片への攻撃が起こり，また，移植片に対する抗体もできる(通常は，移植片拒絶反応は細胞性免疫が中心的にはたらくが，実際には移植片に対する抗体もでき，体液性免疫も関係する)。

(ii) MHC 抗原の情報をもつ遺伝子には優劣がなく，両親に由来する遺伝子の双方が発現して，両親に由来する 2 種類のタンパク質が細胞表面に存在することになる。自己の MHC 抗原に対して攻撃が起こらないのは，自己が初めから保有する MHC 抗原に対して攻撃するような T 細胞は，胸腺で排除されているからである(自己の MHC 抗原に対する免疫寛容が成立)。

問1　実験 1 についての設問。実験 1 中に示される内容と，行われた ⓐ〜ⓒ の皮膚移植について以下に整理する。

A マウス(遺伝子型 AA)が B マウス(遺伝子型 BB)の皮膚を拒絶することは，A マウスの体内に，遺伝子 B がつくる B マウスの MHC 抗原を認識して攻撃する T 細胞が存在していることを示す。A マウスでは，遺伝子 A がつくる A マウス自身の MHC 抗原に対する免疫寛容は成立しているのだから，A マウスの MHC 抗原と B マウスの MHC 抗原は，確かに異なるものであるといえる。

A マウスと B マウスの交配で生まれる F_1 マウス(遺伝子型 AB)には，遺伝子 A がつくる A マウスの MHC 抗原と，遺伝子 B がつくる B マウスの MHC 抗原の両方が存在する。そのため，F_1 マウスでは，A マウスの MHC 抗原と B マウスの MHC 抗原の双方に対して，免疫寛容が成立していることが予想できる。

ⓐ　B マウスの T 細胞は，A マウスの皮膚細胞にある A マウスの MHC 抗原を非自己として認識し，攻撃する。その結果，A マウスの皮膚は拒絶される。

ⓑ　F_1 マウスの皮膚細胞には，A マウスの MHC 抗原に加えて B マウスの MHC 抗原も発現している。そのため，A マウスがもつ B マウスの MHC 抗原を非自己と認識して攻撃する T 細胞がはたらく。その結果，移植片は拒絶される。

ⓒ　F_1 マウスでは，A マウスの MHC 抗原と B マウスの MHC 抗原のいずれもが免疫系に自己であると認識されている。すなわち，これらの MHC 抗原を攻撃するような T 細胞は，予め胸腺で排除されている。そのため，B マウスの皮膚を F_1 マウスに移植しても，拒絶されることなく生着する。

問2　実験 2 についての設問。

Ｃマウスは先天的に胸腺を欠如しているのだから，胸腺で成熟するＴ細胞が正常には備わらないことが予想でき，そのために免疫不全となっているものと考えられる。それゆえ，Ｃマウスの新生子マウスは，移植したＡマウスの胸腺を受け入れるのである。

　この移植された胸腺が通常マウスと同様に機能するならば，移植胸腺で，MHC抗原をはじめとするあらゆるＡマウスのタンパク質が発現することを通じて，ＡマウスのMHC抗原を非自己と認識するＴ細胞が排除されることになる。その一方，ＢマウスのMHC抗原はＡマウスに由来する移植胸腺で発現することはないため，ＢマウスのMHC抗原を非自己と認識するＴ細胞は排除されることなく成熟することになる。したがって，この段階で，Ａマウスの胸腺を移植したＣマウスにＡマウスやＢマウスの皮膚を移植すると，Ａマウスの皮膚は生着するが，Ｂマウスの皮膚は拒絶されることになる。したがって，最も適当な選択肢は①となる。

　なお，Ａマウス由来の移植胸腺ではＣマウスのMHC抗原が発現することもないため，ＣマウスのMHC抗原を認識して攻撃するＴ細胞が新たに成熟して，全身の細胞に存在するＣマウスのMHC抗原をもつ細胞が攻撃を受ける可能性が考えられる。しかし，実験2は胸腺移植を受けたＣマウスが生存中に完了している。

Ｂ　行われていることがやや複雑なので，問題文で与えられていることを以下に整理する。

① マウスＤ1は細菌Ｘの死菌を2回注射されているため，十分な量の細菌Ｘに対する抗体を産生している。すなわち，抗体Ｄ1＝細菌Ｘ(の表面構造)に結合する抗体であると予想される。

② マウスＤ2は細菌Ｙの死菌を2回注射されているため，十分な量の細菌Ｙに対する抗体を産生している。すなわち，抗体Ｄ2＝細菌Ｙ(の表面構造)に結合する抗体であると予想される。

実験3：抗体Ｄ1が細菌Ｘと，抗体Ｄ2が細菌Ｙとの間でそれぞれ抗原抗体反応を起こし，凝集が見られることは，上で述べた予想が正しかったことを示す。

実験4：抗原抗体反応は，白血球(好中球，マクロファージ)の食作用を促進することが知られている。細菌Ｘ単独では10％の貪食率が，抗体Ｄ1＋細菌Ｘにおいて30％と高くなっていることから，抗体Ｄ1と細菌Ｘの間で起こる抗原抗体反応が，白血球の貪食を引き起こしているといえる。抗体Ｄ2は細菌Ｙと結合性を示す抗体であり，細菌Ｘとは結合しない。そのため，抗体Ｄ2＋細菌Ｘにおける貪食率は，細菌Ｘ単独での10％と変わらない。

問3　「白血球は抗体のうち，抗体Ｄ1と抗体Ｄ2のいずれにも共通に備わっている部分と結合」すると設問文にある。また，ここで用いられている白血球は，貪食作用を示していることから，自然免疫に中心的にはたらく好中球やマクロファージであろう。

　自然免疫は特異性が低く，免疫記憶のしくみももたない。そのため，ネズミＤ1

に由来する白血球Ｄ１，ネズミＤ２に由来する白血球Ｄ２それぞれの，貪食する対象が異なるとは考えにくい。したがって，細菌の種類（細菌ＸとＹのいずれか）や抗体の種類（細菌ＸとＹのいずれに結合する抗体なのか）によらず，細菌に抗体が結合し，抗原抗体反応が起こりさえすれば貪食率が同程度に高まると考えられる。

ア．抗体Ｄ１＋細菌Ｘで抗原抗体反応が起こっているから，白血球Ｄ１が示した貪食率（30％）と同程度に，白血球Ｄ２の貪食が促されることが予測される。

イ．抗体Ｄ２＋細菌Ｘのため抗原抗体反応は起こっていない。そのため，白血球Ｄ２は貪食を促されなかった（細菌Ｘ単独での貪食率と同じ10％）。白血球Ｄ１もこれと同程度の貪食率となることが予測される。

問4 「抗体Ｄ１は，主に細菌Ｘの成分Ｑと結合する」のだから，混合された過剰量の成分Ｑに抗体Ｄ１は結合してしまう。Ｙ字状の抗体に２か所ある抗原との結合部位が，ほとんどの抗体において成分Ｑによって塞がれてしまうイメージである。

　このような状態にある抗体Ｄ１に細菌Ｘを加えても，抗体Ｄ１と細菌の間で抗原抗体反応はほとんど起こらず，白血球の貪食は促されにくくなっている。また，**問3**の解説に述べたように，一連の実験で貪食を行っている白血球は，非自己と認識した広範な異物に対して活発な食作用を示す，好中球やマクロファージである。

共通テストに向けてこの問題から学んでほしいこと

　共通テストでは，「生物基礎」の試験であっても，「生物」の内容が題材になっているような問題が出題されることがある。このような問題に対処するために，「生物」の教科書を読んだり，図説や（理系向けの二次私大対応の）参考書で発展的な知識を仕入れたりすることは，多くの受験生にとって，貴重な勉強時間をただ奪うだけの無駄な作業になりかねない。考えるための材料は，「生物基礎」の教科書と問題のなかにすべてある。

解説 **問1** **a.** ア．アカマツについて，1993年と2013年のデータを比較する。樹高
16m以上では個体数の増加が見られるが，樹高12m未満では個体数の減少が
顕著である。その一方，20年間でスダジイはすべての樹高で個体数が増えてい
る。

 イ．アカマツについて，1993年は樹高10〜12m，2013年は樹高12〜14mに個体
数のピークがあり，山形の分布を示している。スダジイについては，1993年，
2013年とも2〜10m程度の低い樹高のところで集中的に多くの個体が存在し，
低い樹高のものほど個体数が多い。樹高の平均値がアカマツよりもスダジイの
方が小さいことは，グラフの概形から判別できる。

ウ．アカマツの場合，1993年時点から樹高が18〜20mのものが存在し，それは
2013年でも変わらない。つまり，樹高の最大値は20年間で変化していない。ス
ダジイでは，1993年時点で樹高の最大値は12〜14mであったが，2013年には
16〜18mのものが出現している。つまり，樹高の最大値は大きく増加したと
いえる。

b. 照葉樹林が極相となるような暖温帯において，アカマツは植生を破壊したとき
の比較的早い段階で出現する陽樹，スダジイは照葉樹林で最終的に優占する陰樹
である。この知識がなくとも，20年間で樹高の低いアカマツは個体数を減らし，
スダジイがどの樹高でも個体数が増えていることは，アカマツを中心とした林か
らスダジイを中心とした林へと遷移していることを示している。また，20年間を
通じて，樹高の低いアカマツは個体数が少ないが，樹高の低いスダジイの個体数
が多いことは，アカマツは耐陰性が低い陽樹，スダジイは耐陰性が高い陰樹と考
えるとうまく説明がつく。このような理解と図1に与えられたデータから，選択
肢の正誤を検討する。

① 1993年，2013年のいずれでも，森林の下層に多くのスダジイが存在する。し
かし，樹高16〜20mでアカマツの個体数が増加していることは，アカマツの
伸長は停止していないことを示している。

② このような裏山の森林の遷移がそのまま進行すれば，アカマツの個体数は減
少し，スダジイが優占するような森林へと遷移するだろう。

③ 最終的なスダジイの最大樹高は，図1からは判断できない。また，スダジイ
は陰樹であり，陰樹の一般的性質からは長い年月が経てばスダジイは巨木にな
る可能性が高いとも考えられる。

④ 図1は，調査区内の樹高2m以上のすべての個体の樹高を測定しているため，
2m未満の芽生えが存在していないわけではない。1993年に比較して2013年で
は2〜4m程度のスダジイの個体数が増えていることは，1993年ごろに森林の
下層でスダジイの芽生えが，アカマツによって光を遮られながらも生育してい

た可能性を示す。

⑤　スダジイは暖温帯においてみられる照葉樹林の構成樹種である。一方，アカマツは温帯域の遷移途上でみられる陽樹であり，夏緑樹林の構成種ではない。また，夏緑樹林は冷温帯に，照葉樹林は暖温帯に，それぞれ分布するバイオームである。地球温暖化の影響を無視すれば，同一地域において夏緑樹林から照葉樹林に遷移するということは通常ありえず，表現としてもおかしい。

問2　手順1では，測定した樹高と幹の直径から，生きている樹木の幹の体積を見積もっている。手順3では幹の体積から幹の乾燥重量を求める。最後に，手順4では，幹の乾燥重量から幹に含まれる炭素の総重量，さらには幹に固定されている二酸化炭素量を求める。したがって，手順2で，生きている樹木から採取した木材の小片の体積とその乾燥重量の関係が調べられていれば，これを利用して手順1の結果から手順3までを進め，手順4までも完遂できることになる。

手順1　ある樹木の幹(生木1本)の体積

　　　手順2　その生木の幹から取り出した小片試料の，

$$\frac{乾燥重量}{採取直後(生木状態)の体積}$$ を利用して，

　　　　　生木の体積を乾燥木の乾燥重量に換算

手順3　ある樹木の幹(乾燥木1本)の乾燥重量

　　　→　手順4　幹に固定されている二酸化炭素量

　　生木1本の体積から乾燥木1本の乾燥重量を求めたいのだから，生木の体積当たりの乾燥重量がわかればよいのである。したがって，採取直後の重量，よく乾燥させた後の体積，完全に燃焼させた後の灰の重量を調べることには意味がなく，これらを含んでいる選択肢は誤りと判断でき，⑤が妥当である。

問3　まず，溶岩台地の古さが0年のとき，土壌は一切存在していないのだから，グラフは原点から始まっていなくてはいけない(③と⑤に注目)。また，溶岩台地が古くなるほど溶岩の風化や腐植の蓄積が進行して土壌が発達し，土壌の深さは次第に大きくなっていくはずである。③のように急激な土壌の発達の後，土壌の衰退が一定の速度で進むことは通常考えにくい。

問4　①　高木Cは50年の時点で出現していて，その後被度を高めているものの，3000年では消失している。高木Cは，この地域における極相種ではない。

②，③　被度の高さから判断すると，10年では草本Aと低木B，50〜140年ではシダD，300〜3000年では木生シダFが優占している(10年の段階では被度がかなり低く，「優占」という語は不適当な部分もある)。これから判断すると，草本→シダの順に優占種が移り変わっているといえる。300年の時点では，被度はシダDが7％，木生シダFが73％で合計80％だから，遷移の進行に伴い，シダ植物は一

貫して増加していることもわかる。

④　300〜1400年，1400〜3000年の間では，わずかに種数の低下(64 → 62種，62種 → 60種)がみられる。しかし，最初の300年間では，遷移の進行に伴い植物の種数は増加している。

⑤，⑦　④でみたように，遷移の進行に伴い，植物の種数はほぼ増加傾向にある。植被率(主な植物種の被度の合計)を溶岩台地の古さごとに計算すると，10〜3000年にかけて，0.21％，36.8％，117.7％，113.1％，140.1％，141.6％のように，(140〜300年の間でわずかな減少はあるものの)これも同様にほぼ増加傾向である。50年と300年の植被率はそれぞれ36.8％と113.1％であり，300年の植被率のほうが大きい。

⑥，⑧　比例とは，x成分が2, 3, 4倍…となれば，y成分についても2, 3, 4倍…となるような関係のことである。10〜300年にかけて，群落高が高くなるに応じて植物の種数が増加している時期はあるが，群落高と植物の種数の間に比例関係があるとはいえない。また，300年から1400年にかけては，群落高は10 → 22mのように倍増以上だが，植物の種数は64 → 62種のように微減している。群落高の最大値は1400年の時点で，その後低下に転じていることもわかる。

【参考】　比例関係

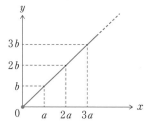

x成分が2, 3, 4倍…となれば，
y成分も2, 3, 4倍…となる。

共通テストに向けてこの問題から学んでほしいこと

　共通テストでは，高校生が実際に行うことが出来るような実験が題材になることが多い。本問の問1のような会話文中での資料の解析や問2のような理科的素養を試すようなものがそれにあたる。実験は，教科書の探究活動のページで紹介されているようなオーソドックスなものから，中学校レベルの物理や化学，ときには常識？を問うようなものまで多岐にわたる。本問の問4②や⑥はもっともらしい選択肢である。しかし，表1の検討からは適当でないと判断ができた。既成の知識にとらわれ過ぎないように気を付けよう。

6 答え　問1　④　　問2　a-⑤　b-①　　問3　④
　　　　問4　a-②　b-⑤　　問5　③

解説　問1　ア．生産者である植物を直接に食べることからは，クマは一次消費者と
　いえる。

イ．仮説とは，文献調査，予備実験，観察などを通じて生じた疑問を合理的に説明
　できる「仮の説」である。仮説は，さらなる実験と対照実験との比較，調査など
　によって検証されて，棄却されたり，修正されたりする。

ウ．通常の生物の実験では，条件を１つだけ変えて他の条件はすべて同じにして実
　験を行う。このとき，比較する基準となる実験（対照実験）が必要である。人為的
　な実験条件下では対照実験は比較的容易に行えても，自然の森の中ですべての実
　験条件を同一に揃えることは困難である。

問2　a．全体的傾向として，クマの捕殺数が多い年はブナやミズナラの結実数が少
　なく，反対に捕殺数が少ない年は結実数が多いことが見て取れる。これから，ま
　ず，②と③は不適当であることがわかり，①，④，⑤を選択肢の記述に沿って検
　討していく。

　　結実数の平均はブナで15個，ミズナラで５個であることに注意しながら図１を
　確認すると，ブナとミズナラの結実数がいずれも平均以下の年は，クマの捕殺数
　が多いことがわかり，⑤が適当であると判断できる。

b．クマが人里に出現すると，捕殺されることにつながる。aで解答したことから
　は，植樹する複数の樹木は結実数の増減が一致しない種類のものであると，クマ
　の人里への出現を抑制することができると推論でき，Ⅱの文は内容的に誤ってい
　ると判断できる。ⅠとⅢの文はいずれもクマの人里への出現対策として正しそう
　な内容ではある。しかし，Ⅰの文がブナとミズナラの結実状況からクマの人里へ
　の出現を予想するという内容で図１との関連性が高いのに対し，Ⅲの文は図１か
　ら考察できる内容ではない。

問3　エ．絶滅速度の定義が問題文中に与えられていることに注意する。

　　絶滅速度＝１年あたりに絶滅する生物種の数だから，西暦2000年ごろの地球の
　生物種1000万（＝1×10^7）種に対して，１年あたりで40000（＝4×10^4）種が絶滅
　しているのである。したがって，

$$\frac{4 \times 10^4}{1 \times 10^7} \times 100 = 0.4 〔\%〕$$

　が，西暦2000年ごろの時点で１年あたりに絶滅している生物種の割合となる。

オ．生物種の絶滅に伴い，生物の多様性（種の多様性）は低下する。

問4　a．①，②　図２右側の棒グラフ（絶滅のおそれのある鳥類の種数）を検討する
　と，緯度０°付近の熱帯付近で多く，南北半球ともに高緯度では少なくなって
　いることがわかる。

③, ④　図2中央の棒グラフ(緯度別の陸地面積)を検討すると，北緯40〜50°の間で陸地面積は多いことがわかる。しかし，絶滅のおそれのある鳥類の種数を示す棒グラフでは，同緯度付近での種数が多いとはいえないことが読み取れる。したがって，陸地面積あたりで考えると，北緯40〜50°の間で絶滅のおそれのある鳥類の種数は少ない(③は適当でない)。また，南極大陸では絶滅のおそれのある鳥類の種数は0(そもそもそれほど多くの種の鳥類は生息していない)である(④も適当でない)。

⑤, ⑥　図2の右側の棒グラフ(絶滅のおそれのある鳥類の種数)は，赤道付近が凸で南北両極に向かって対称な比較的きれいな形状のグラフである(絶滅のおそれのある鳥類の種数が北半球では南半球の3倍であるとはいえず，⑥は適当でない)。

　　仮に，絶滅のおそれのある鳥類の種数が陸地面積と反比例の関係にあるなら，図2中央の棒グラフ(緯度別の陸地面積)は，赤道付近がくぼんで南北両極に向かって対称的に面積が増える形状のグラフになっているはずである。しかし，実際にはそのような関係になっていないのだから，陸地面積と絶滅のおそれのある鳥類の種数が反比例の関係にあるとはいえず，⑤は適当でない。

【参考】　反比例関係

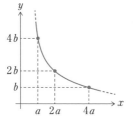

x成分とy成分の積は一定
(左のグラフでは常に$4ab$)
である。

b．表2の空欄　カ　は，ほとんどの分類群について最も高い絶滅の要因である。酸性雨の影響や伝染病の流行で絶滅に至った生物種も確かに存在する。また，二酸化炭素濃度の上昇に伴う地球温暖化は生態系の絶妙なバランスを崩し，オゾン層の破壊による地表面への紫外線到達量の増加は陸上で生活する生物に深刻な影響を与える。しかし，熱帯多雨林に多種多様な植物が生育し，これに依存して生活する動物もまた多様であること，現在，熱帯多雨林が大規模な伐採や焼き畑によってその面積を急減させていることなどを考えると，種の多様性の低下に与える生息場所の減少の影響は甚大であると判断される。

問5　外来植物Aは，相対照度の高い(相対照度100%)裸地で侵入がみられ，かつ成長率が大きい。草原では外来植物Aの侵入がみられるが，相対照度がやや低い(相対照度70%)ためか，成長率は裸地に比較して著しく低い。さらに相対照度が低い

林の縁や林の中では，外来植物Aの侵入はない。以上を踏まえると，外来植物Aの分布拡大を防ぐためには，明るい裸地を作らないことが重要な方策となる（③が適当で，⑤は不適当）。

①，② 相対照度が低い林の中などで外来植物Aの侵入がみられないことは，Aが陽生植物であることを示す。したがって，外来植物Aは，陰生植物である極相林の構成種であるとは考えにくい。

④ 外来植物Aが，草原に生えてこないとはいえない。ただし，侵入後の成長率は低いため，草原を維持することは外来植物Aの分布拡大を防ぐことには役立つ（しかし，④よりも③のほうが，より適当）。

共通テストに向けてこの問題から学んでほしいこと

共通テストでは，短時間で多くの情報を処理する能力が求められるようになっており，大きなサイズの資料を解析して全体的な傾向を掴むような問題も目立つ。データを手早く処理していく上での一つのコツは，「先入観」をもつことである。本問の問2aの場合，「山の木の実が全くなければ，腹を空かせたクマは危険を犯して人里に下りて行かなくてはならないな…」と考えることが出来れば，図1の読み取りや選択肢の正誤判定もスムーズに進むはず。その一方で，bでは「先入観」や「既存の知識」は捨てて，純粋に図1から考察できることを考えなくてはいけない。柔軟なバランス感覚を養っていこう。

別冊解答

大学入学
共通テスト

生物基礎
集中講義 改訂版

Obuns